Mythen & Marketing in der Aquaristik

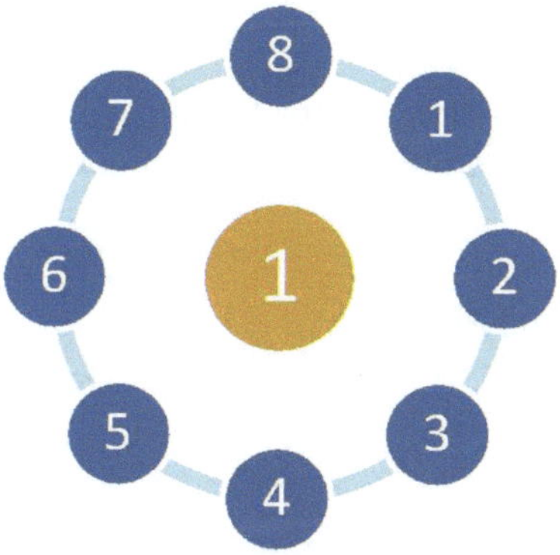

Faktencheck Aquarium

Dr. Hermann Huemer

Impressum

Umschlaggestaltung und Fotobearbeitung: Baitok Nurlan
Cover-Bild mit *Midjourney* Version 6.1 und *Photoshop* generiert

Druck und Vertrieb im Auftrag des Autors:
Buchschmiede von Dataform Media GmbH
Julius-Raab-Straße 8
2203 Großebersdorf
Österreich

www.buchschmiede.at – Folge deinem Buchgefühl!
Kontaktadresse nach EU-Produktsicherheitsverordnung:
info@buchschmiede.at

ISBN:
978-3-99165-875-7 (Paperback)
978-3-99165-874-0 (E-Book)

PRINTED IN
AUSTRIA

«Möge mein Versuch, das Süßwasser-Aquarium seinem Wesen nach in immer weiteren Kreisen bekanntzumachen und damit der Verbreitung naturwissenschaftlichen Strebens bis in das Wohnzimmer der Reichen zu dienen, kein vergeblicher sein!»

E. A. Roßmäßler, in: Das Süßwasseraquarium, Seite VI

Leipzig im August 1857

Inhalt

Mythen & Marketing in der Aquaristik – Vorwort zur Reihe

Wenn das Aquarium nicht so funktioniert wie erwartet, stehen Alltagsmythen hoch im Kurs. Als alternative Ratgeber, nicht selten aus dem Marketing, versprechen sie, Probleme zu lösen und Wünsche zu erfüllen. Gutgläubigen Anhängern täuschen sie Orientierung in einer komplexen Welt vor. Ein wahrer Kern verleiht ihnen scheinbare Glaubwürdigkeit. Tatsächlich vermitteln sie jedoch ein verfälschtes Bild dieser Welt, das falsche Schlussfolgerungen oder (Kauf-)Entscheidungen nicht nur zulässt, sondern geradezu provoziert. Sie tragen nicht zur Problemlösung bei, sondern zum Problem, das sie zu lösen versprechen. Statt Orientierung schaffen sie Verwirrung.

In der vorliegenden Buchreihe werden Mythen und Marketing aus der Aquaristik einem Faktencheck unterzogen: Wo irren sie sich oder täuschen sie uns? Was sagen Experten darüber? Dieser Ansatz gewährt tiefere Einblicke in das Hobby, als uns die Einsteigerliteratur in ihrer Beschränkung auf die Grundlagen oder das Internet in seiner undifferenzierten Fülle bieten kann. Inspiration und Motivation zu dieser Reihe kamen insbesondere aus zwei Quellen:

- ☺ Diana Walstads „Handbuch für die Praxis auf wissenschaftlicher Grundlage"
- ☺ David Bogerts kritische und höchst informative Website *aquariumscience.org* jenseits von Mythen und Kommerz

David Bogert[1] über Diana Walstad: *"She is the ONLY aquarium book author that 'did it right' and based her work on what the scientific articles say about the topic rather [than] on parroted* ***myths and*** *profit minded* ***marketing*** *hype."*

Im Gegensatz zu Mythen und Marketing beruhen wissenschaftlich-technische Ratgeber ausschließlich auf Fakten. Fakten müssen nicht geglaubt, sondern verstanden werden. Das mag für so manche Hobbyisten wenig attraktiv klingen, wo doch Mythen und Marketing mit ihrem Wahrheitsanspruch ultimative Gewissheiten verkünden. Wer sich aber die Mühe macht, die Fakten zu verstehen, findet in ihnen zuverlässige

[1] Bogert, David: Walstad Aquarium. Aquarium Science, https://aquariumscience.org/index.php/15-8-walstad-aquarium/

Freunde, die helfen, fundierte Entscheidungen zu treffen und deren Folgen besser abschätzen zu können.

Mit den Bänden dieser Reihe erhalten fortgeschrittene Anfänger der Aquaristik ebenso wie Mitarbeiter im Marketing und Handel und alle, die sich für die Hintergründe dieses Hobbys interessieren, eine ‚mythenbasierte' Faktensammlung, die zugleich Wege aus dem Labyrinth der Mythen aufzeigt. Auch wer gerne im Internet surft und einkauft und Informationen und Produkte sachlich-praktisch beurteilen möchte, wird diesen Guide zu schätzen wissen.

Jeder Band ist einem Kernthema aus der Aquaristik und seinen Mythen gewidmet, beginnend mit dem **„Faktencheck Aquarium"**. Für den Faktencheck wurden zahlreiche Quellen im Internet, in Sachbüchern sowie in Hobby- und Fachmagazinen ausgewertet. Die zitierten Inhalte dokumentieren die Standpunkte ihrer Autoren. Darin kommen EXPERTEN aus Wissenschaft und Hobby zu Wort. Zum besseren Verständnis ergänzen BEISPIELE, DAUMENREGELN und INFO-Boxen den Faktencheck. Die wichtigsten Schlussfolgerungen werden als TIPP zusammengefasst. Mit den Quellenangaben erhält der kritische Leser ein umfassendes Verzeichnis von für das Hobby relevanten Autoren, Büchern, Artikeln und Websites, die zum selber Recherchieren und Nachlesen einladen.

Ein Werk über Mythen und Marketing kommt an der Nennung konkreter Produktmarken nicht vorbei. Dabei geht es weder um Schleichwerbung noch um die Bewertung von Produkten, sondern ausschließlich um Markenversprechen mit mythischem Potential. Die Nennung der Marken erfolgt ohne jegliche Einflussnahme von Herstellern oder Verkäufern.

Kritisches Denken darf weder vor Mythen noch vor Fachliteratur oder Experten halt machen. Wenn wir die Fakten hinter den Mythen verstehen, lernen wir aus dem Hobby auch etwas fürs Leben, wie es Roßmäßler bereits 1857 im Eingangszitat so treffend wie zeitlos angedacht hat.

Einleitung

Die Anschaffung eines Aquariums ist ein ebenso emotionaler wie informationsintensiver Prozess, der neben seriösen, faktenbasierten Informationsquellen auch aus Mythen und Marketing gespeist wird. Schließlich geht es auch um Geld und Geschäft.

Im ersten Band der Reihe „Mythen & Marketing in der Aquaristik" dokumentieren wir 30 Mythen und Marketingaussagen (M&M) zum Thema **Aquarium**, auf die Sie während der Planung und Anschaffung Ihres Aquariums (oder Ihres zweiten Aquariums?) stoßen könnten. Im Faktencheck fördern wir ihren wahren Kern zutage.

Kapitel 1: Moderne Aquaristik wäre ohne die wissenschaftlichen Erkenntnisse und technischen Erfindungen der letzten 100 Jahre nicht denkbar, wie ein historischer Rückblick eindrucksvoll vor Augen führt. Doch wo liegen ihre Anfänge und wohin geht sie?

Kapitel 2: Das erste Kriterium bei der Auswahl eines Aquariums stellt die Größe des Beckens in Relation zum verfügbaren Platz dar. Was gilt es bei den Beckenmaßen und –proportionen jenseits von M&M besonders zu beachten?

Kapitel 3: Kreative Bauformen täuschen Möglichkeiten vor, die für eine artgerechte Fischhaltung mehrheitlich abzulehnen sind. Welche Nachteile sprechen gegen Sonderformen und Design-Aquarien?

Kapitel 4: Der Traum vom sich selbst erhaltenden Gleichgewichtsaquarium wurde bisher weder mit Hightech noch Lowtech verwirklicht. Lösen Komplett-Sets alle Fragen zur Ausstattung?

Kapitel 5: Beckengröße, Bauform und Ausstattung müssen mit dem geplanten Besatz abgestimmt werden. Wer sich nicht zwischen Fisch- und Pflanzenbecken entscheiden möchte, wählt (oft unbewusst) das Gesellschaftsbecken mit Fischen UND Pflanzen. Doch je bunter der Artenmix, desto schwieriger gestaltet sich ein friedliches Zusammenleben.

Kapitel 6: Die Dekoration verleiht dem Aquarium seinen finalen Charakter und dient zu einem guten Teil dem Wohlgefallen des Betrachters. Das Marketing weiß dies für seine Ziele zu nutzen. Im ‚Naturaquarium' wird die Dekoration zum Hauptzweck erhoben. Bodensubstrat, Steine, ‚Treibholz' und Pflanzen erfüllen jedoch noch andere Funktionen im Aquarium und sollten daher nicht nur nach ästhetischen Kriterien ausgewählt werden, wie es das Marketing suggeriert.

Im nächsten Schritt wird das Becken mit Wasser befüllt. Um Wasser ranken sich unzählige Mythen. Daher widmen wir dem Aquarienwasser einen eigenen Band. Mehr dazu in Band 2.

1 Historischer Rückblick

Die Aquaristik ist im Grunde eine Methodensammlung, um Wasserorganismen außerhalb ihres angestammten Lebensraums in ihrem natürlichen Verhalten beobachten zu können. Früheste Beschreibungen von Goldfischbehältern in Form von Ton- oder Keramikgefäßen stammen aus China.

M&M: Drachenkübel im alten China waren die ersten Aquarien.

Die Chinesen waren die ersten, die Fische in Aquarien hielten, den sogenannten Drachenkübeln.

„Indessen sind solche [Aquarien] schon vor Jahrtausenden von den Chinesen [...] erbaut. Sie [...] hatten diese Behälter sowohl im Zimmer, wie auch in ihren Gärten.“ [2]

> EXPERTE[3]: „Die erste Nachricht über Behälter mit Fischen und Pflanzen stammt aus einem chinesischen Regierungsbericht aus dem Jahre 1339 [nach anderen Quellen auch 1369] über die sogenannten Drachenkübel. Danach dürften die Chinesen als erste Pflanzen und Fische in besonders dafür hergestellten Behältern gepflegt haben.“

> EXPERTE[4]: „Man begann, in großen irdenen Kübeln Miniaturtümpel einzurichten.“ Mit Aquaristik im heutigen Sinn hatte das nicht viel gemeinsam.

Waren es vielleicht die Römer vor knapp 2000 Jahren, die die ersten Meeresfische (Seebarben) in Marmorbecken mit Glasfenster in ihren Strandvillen hielten? So kann man es zumindest auf zahlreichen Web-Seiten lesen:

---

[2] Bade, Ernst (1898): Das Süßwasser-Aquarium: Geschichte, Flora und Fauna des Süsswasser-Aquariums, seine Anlage und Pflege. 2. Auflage, Seite 2f. (Digitalisat auf Google Books, https://books.google.at/)

[3] Paffrath, Kurt (1979): Bestimmung und Pflege von Aquarienpflanzen. Landbuch-Verlag, Hannover, 2. Auflage, Seite 14.

[4] Mette, Nikolai (2003): Aquarienkultur in China. http://goldfische.kaltwasseraquaristik.de/aquachin.htm

M&M: "The Myth of the Roman Aquarium" [5]

„Introduction of glass panes around the year 50 AD allowed Romans to replace one wall of marble tanks, improving their view of the fish." [6] Dieser Satz stammt ursprünglich aus der Wikipedia[7], wurde dort jedoch mittlerweile mit Verweis auf *Albert Klee* korrigiert. Im Internet kursieren weiterhin zahlreiche Kopien und Abwandlungen davon wie z. B.: „Ancient Romans used to keep freshwater barbels – carp relatives – in marble boxes in guest bedrooms, likely to represent the fresh fish their guests could enjoy at elaborate feasts." [8]

Der Hinweis auf römische Aquarien geht vermutlich auf folgenden Text von *Bernd Brunner* zurück:
„Unter den Polstern der Gastlager soll es dafür [für die Seebarben] kleine Becken gegeben haben. Etwa fünfzig Jahre nach Christus werden Glasscheiben nach Rom, Herculaneum und Pompeji gebracht, mit denen man eine Wand der Marmorbecken ersetzt; nun kann man das Leben und Treiben der Fische wirklich sehen und nicht mehr nur von oben ihre schemenhaften Bewegungen erahnen." [9]

Auch *Brunner* hat nur von einer älteren Quelle abgeschrieben.

EXPERTE[10]: „*Brunner* copied this material from *Herrmann Mostar's* ‚Die Arche Mostar' (‚Mostar's Ark'). He did not validate *Mostar's* statement and simply

[5] Klee, Albert J. (ohne Jahr): The Myth of the Roman Aquarium: Reflections on Aquarium Hobby History Research. http://www.wetwebmedia.com/MythRomanAqKlee.htm

[6] Sequoia, Elisabeth (2019): Now and Then: Aquariums thru the Ages. The Colorado Aquarium Society, https://www.coloradoaquarium.org/post/now-and-then-aquariums-thru-the-ages

[7] Wikipedia, https://en.wikipedia.org/wiki/Aquarium

[8] How Much Do You Know About Aquarium History? Today's Pet Inc., Maryland, USA, https://todayspet.com/blog/57454/how-much-do-you-know-about-aquarium-history

[9] Brunner, Bernd (2011): Wie das Meer nach Hause kam. Die Erfindung des Aquariums. Überarbeitete und erweiterte Auflage, Wagenbach, Seite 26. Auf englisch (2012): The Ocean at Home. An Illustrated History of the Aquarium. Seite 24.

[10] Klee, Albert J. (ohne Jahr): The Myth of the Roman Aquarium: Reflections on Aquarium Hobby History Research. http://www.wetwebmedia.com/MythRomanAqKlee.htm

> assumed that what he wrote was true. It should have been clear to *Brunner* that the assertion was unsubstantiated as *Mostar* provided no in-text references for any of his statements. *Mostar* did not provide a bibliography, either." Vielmehr erwähnt *Seneca* in seinem Werk „Naturales quaestiones" die Unsitte, lebende Seebarben in Glasgefäßen auf den Tisch zu bringen, damit sich die Gäste an ihren im Todeskampf wechselnden Farben ergötzen konnten, bevor sie vor den Augen der Gäste zubereitet wurden.

„Die Arche Mostar" stellt eine Sammlung historischer Anekdoten dar und keine historische Abhandlung. *Gerhart Herrmann ‚Mostar'* beschreibt sie mit folgenden Worten: „Von Hund & Katz, Maus & Ratz, Fisch & Floh, Mensch & Co. Wie sie's getrieben, hier steht's geschrieben!" [11]

Die ersten Aquarien im heutigen Sinne, also für die dauerhafte Pflege von Zierfischen in Sichtbecken, zum Vergnügen und zur Bildung, nicht zum Essen, wurden auf der Weltausstellung 1851 in London einem staunenden Publikum vorgestellt.

Die erste englische Anleitung für den Bau und die Pflege eines Meerwasseraquariums stammt aus der Feder von *Philip Henry Gosse* aus dem Jahr 1854: „The Aquarium: an Unveiling of the Wonders of the Deep Sea". [12]

1857 publizierte *Emil Adolf Roßmäßler* in Deutschland die erste Anleitung für Süßwasseraquarien in seinem fundamentalen Werk „Das Süßwasser-Aquarium".[13] Bereits ein Jahr davor publizierte er in Anspielung auf den „Ocean auf dem Tische" (*Gosses* Meerwasseraquarium) seinen „See im Glase" [14].

---

[11] Mostar, Herrmann (1959): Die Arche Mostar, von ihm selbst gezimmert: die Geschichte der Stubentiere und die Stubentiere in der Geschichte. Goverts, Stuttgart.

[12] Gosse, Philip Henry (1854): The Aquarium: an Unveiling of the Wonders of the Deep Sea. John van Voorst, London.

[13] Roßmäßler, Emil A. (1857): Das Süßwasser-Aquarium. Eine Anleitung zur Herstellung und Pflege desselben. Mendelssohn, Leipzig, 88 Seiten. Deutsches Textarchiv, http://www.deutschestextarchiv.de/rossmaessler_suesswasseraquarium_1857

[14] Roßmäßler, Emil A. (1856): Der See im Glase. Die Gartenlaube, 19, 252–256. https://de.wikisource.org/wiki/Der_See_im_Glase

Damit lösten die beiden Autoren in der Zeit der industriellen Revolution sowie der Aufklärung den ersten Aquarien-Boom aus. Die Verbreitung der Goldfischgläser trug dazu nicht unwesentlich bei. Mangelnde Erfahrung und fehlende Aquarientechnik ließen die Begeisterung jedoch bald wieder abflauen. Das änderte sich langsam ab der Jahrhundertwende, wie die ersten Zeitschriften- und Vereinsgründungen beweisen. Der technische Fortschritt brachte die Elektrifizierung der Städte mit sich. Mit der Elektrifizierung der Haushalte hielten auch Pumpen, Filter, Heizung und Beleuchtung Einzug in die Aquaristik. Vor Beginn des ersten Weltkriegs sollen bereits über 200 tropische Fischarten verfügbar gewesen sein.

Erst der Wirtschaftsaufschwung der 1960er Jahre löste auch einen neuen Aquarien-Boom aus.

Zu Beginn der digitalen Revolution (2000er Jahre) weckte ein neuer Trend aus Japan neues Interesse an der Aquaristik: Aquascaping. Er verbindet sich aktuell mit dem Trend zur Miniaturisierung in den Nano-Aquarien. Beide Trends werden massiv von Marketing-Aktivitäten begleitet und gefördert. Ein gewisses Potential zu einem neuerlichen Boom ist nicht zu übersehen.

Der folgende Abriss fasst die wichtigsten Schritte der Entwicklung zur modernen Aquaristik (nachzulesen in der Wikipedia) zusammen:

28. Mai 1665	*Samuel Pepys* berichtet in einem Tagebucheintrag von exotischen Fischen, die in einem Glas mit Wasser gehalten wurden: „Fishes kept in a glass of water, that will live so for ever; and finely marked they are, being foreign.“ [15]
1774	wird der Sauerstoff entdeckt. Noch im 18. Jahrhundert wird der Zusammenhang zwischen grünen Pflanzen, Licht und Sauerstoffproduktion erkannt. Die Funktionsweise der Photosynthese kann jedoch erst in den 1950ern aufgeklärt werden.

[15] Gyford, Phil: Sunday 28 May 1665. The Diary of Samuel Pepys. Daily entries from the 17th century London diary. https://www.pepysdiary.com/diary/1665/05/28/

Um 1830 gelingt erstmals die Aufzucht und Haltung tropischer Pflanzen im sogenannten Wardschen Kasten[16], eine Art tragbares Miniglashaus. Die Konstruktion aus Glasplatten und Metallrahmen findet man auch in den ersten Aquarien.

1851 publiziert *Robert Warington* seine Beobachtungen des Gleichgewichts zwischen Tieren und Pflanzen in einem Wasserbehälter.[17] Demnach versorgen die Pflanzen die Fische mit Sauerstoff, während sie gleichzeitig die von den Fischen ausgeatmete Kohlensäure aufnehmen. Er erkannte, dass man eine beschränkte Anzahl Fische in einem Behälter halten kann, wenn man auch Wasserpflanzen hinzufügt.

Mit der Entdeckung dieses ‚Aquarienprinzips' kann *Warington* als Begründer der modernen Aquaristik betrachtet werden.

1853 werden die ersten öffentlichen Aquarien von *Philip Henry Gosse* im Londoner Zoo eingerichtet. Dabei handelt es sich um Meerwasseraquarien. Das Meerwasser und die Lebewesen werden tatsächlich aus dem Meer geholt. *Gosse* gilt daher als ‚Vater der Meerwasseraquaristik'.

Erst 120 Jahre später wird es technisch möglich, Meerwasseraquarien auch zuhause zufriedenstellend zu betreiben.

1855 wird der Begriff ‚Aquarium' auf Empfehlung von *Philip Henry Gosse*[18] offiziell in den Wortschatz (ins Wörterbuch) aufgenommen.

1857 veröffentlicht *Emil Adolf Roßmäßler* sein Buch „Das Süßwasser-Aquarium" [19]. Damit bekommen auch Nicht-Naturforscher die notwendi-

---

[16] Wikipedia, https://de.wikipedia.org/wiki/Nathaniel_Ward#Wardscher_Kasten

[17] Warington, Robert (1851): Notice of observations on the adjustment of the relations between the animal and vegetable kingdoms, by which the vital functions of both are permanently maintained. Quarterly Journal of the Chemical Society of London, 1851/3, 52–54.

[18] Gosse, Philip Henry (1854): The Aquarium: an Unveiling of the Wonders of the Deep Sea. John van Voorst, London.

gen Informationen zur Haltung eines Süßwasseraquariums. *Roßmäßler* gilt fortan als ‚Vater der deutschen bzw. auch der Süßwasseraquaristik'.

1860 Am 5. Dezember 1860 eröffnet in Wien der Wiener Aquariensalon mit 15 ‚Adria'-Aquarien.

1869 gelangen die ersten lebenden Paradiesfische nach Europa (Paris).

Um 1900 Gründung der ersten Aquarienvereine:

z. B. *Verein für Aquarien- und Terrarienliebhaber zu Berlin* (gegründet 1888), umbenannt in *Triton – Verein für Aquarien- und Terrarienkunde zu Berlin* (1891)[20]; aufgelöst am 30.6.2015 als *‚Triton', Gesellschaft für Vivarienkunde 1888.*

z. B. *Aquarienverein DANIO* (gegründet am 11.9.1910 in Wien)[21]

z. B. *Verband Deutscher Vereine für Aquarien- und Terrarienkunde (VDA) e.V.* (gegründet 1911)[22]

Um 1908 wird die erste mechanisch betriebene Luftpumpe für Aquarien erfunden.

Es folgt eine Zeit der Umbrüche, Zusammenbrüche und Weltkriege. In der Zwischenkriegszeit tauchen die ersten Cryptocorynen (z. B. Haertelscher Wasserkelch/ *Cryptocoryne affinis*) im Handel auf.

---

[19] Roßmäßler, Emil A. (1857): Das Süßwasser-Aquarium. Eine Anleitung zur Herstellung und Pflege desselben. Mendelssohn, Leipzig, 88 Seiten. Deutsches Textarchiv, http://www.deutschestextarchiv.de/rossmaessler_suesswasseraquarium_1857

[20] Rieck, Werner, Mau, Klaus-Georg (2008): 120 Jahre „Triton", Gesellschaft für Vivarienkunde 1888 e.V. zu Berlin. Vereinschronik 1888–2008. Triton, Berlin.

[21] DANIO – Verein für Süß- und Seewasser-Aquaristik und Terraristik, http://danio.at/vereinsgeschichte

[22] Verband Deutscher Vereine für Aquarien- und Terrarienkunde (VDA) e.V., https://vda-online.de/

Ab 1945 entwickelt sich die zivile Luftfahrt. Zusammen mit neuen Verpackungsmöglichkeiten ermöglicht sie den Import vieler exotischer Zierfische nach Europa.

1950er Die Details der Photosynthese werden aufgeklärt. Zeitgleich ersetzen Leuchtstofflampen (T12) die Glühbirnen. Sie ermöglichen die ganzjährige Haltung auch von anspruchsvolleren Wasserpflanzen und folglich eine kontinuierliche Sauerstoffversorgung der Fische.

1952 erfindet *Dr. Ulrich Baensch* nicht trübendes Flockenfutter als Ersatz für Lebendfutter (unter der Marke *Tetra*).

1960er *Jäger* erfindet den elektrischen Reglerheizstab für Aquarien.

1963 *Eheim* kombiniert eine Kreiselpumpe mit einer Filterkammer zum ersten Aquarien-Saugfilter.

Ab 1970 ersetzt der Silikonkleber den Glaskitt. Der Metallrahmen dient nur noch als Kantenschutz. Ohne Metallrahmen und durch die Erfindung des Eiweißabschäumers werden endlich auch Meerwasseraquarien im Wohnzimmer möglich.

1990er T8- Leuchtstoffröhren ersetzen die T12-Lampen als Aquarienbeleuchtung. Sie liefern ausreichend Licht selbst für Starklichtpflanzen.

2000er Aus Japan kommt ein neuer Trend der Aquariengestaltung: Aquascaping. Er verbindet sich mit dem Trend zu Nano-Aquarien.

Ab 2006 werden T5-HO-Leuchtstoffröhren in Aquarienleuchten verbaut. Damit können auch Riffaquarien/Korallen und besonders tiefe Becken zufriedenstellend beleuchtet werden.

Ab 2015 setzen sich LEDs zur Beleuchtung von Aquarien durch.

Heute lassen sich mit modernen Hightech-Methoden unzählige Fisch- und Wasserpflanzenarten (sogar Korallen) dauerhaft und artgerecht halten und sogar vermehren.

Digitale Messgeräte und Steuerungssysteme erlauben eine präzise Kontrolle aller wichtigen Parameter bis hin zur automatisierten Fütterung. Viele dieser Systeme können über Smartphones ferngesteuert werden. Die technischen Errungenschaften der modernen Aquaristik haben die Lebensqualität der gehaltenen Tiere und Pflanzen kontinuierlich verbessert. Sie haben das Hobby vereinfacht und neue Möglichkeiten der Gestaltung von Aquarien eröffnet, was auch bei neuen Zielgruppen Interesse an der Aquaristik weckt.

Umgekehrt fallen immer mehr natürliche Lebensräume unserem technischen Fortschritt zum Opfer (auch indirekt durch den Klimawandel). Immer häufiger ertönen daher kritische Stimmen, die den globalen Zierfischhandel (insbesondere jenen mit Wildfängen) und seine Kundschaft auf der Seite der Umweltzerstörer verorten.

Am Beginn des Hobbys stand eine quasi-religiöse Berufung zur Erforschung der „Wunder der Tiefsee“. (*Philip H. Gosse* war in seiner Naturforschung stark religiös motiviert.) Auch für *Roßmäßler* bedeutete das Süßwasseraquarium ein Mittel zur „Verbreitung naturwissenschaftlichen Strebens“. Tatsächlich bringt uns ein Aquarium die Schönheit und Komplexität natürlicher Systeme näher. Darin liegt wohl der einzigartige Reiz gegenüber anderen Haustieren.

Die moderne Aquaristik sieht sich neuerdings gerne in der Rolle einer ‚Arche Noahs‘ für Fische, wo Hobby-Aquarianer bedrohte Arten in Erhaltungszuchtprojekten nachzüchten, um sie in einer besseren Zukunft wieder auszuwildern. Wenn das nicht ein Mythos zur Selbstvermarktung des Hobbys ist?!

2 Beckenmaße

Das erste Kriterium bei der Auswahl eines Aquariums stellt zweifellos die Größe des Beckens in Relation zum verfügbaren Platz dar. Zugleich sollte man jedoch gewisse Konventionen berücksichtigen (siehe Tabelle 1). Denn viele Geräte und Zubehör wie Leuchten oder Abdeckungen sind auf handelsübliche Größen abgestimmt. Umgekehrt orientieren sich die handelsüblichen Formate an technischen Vorgaben wie den Längen der Leuchtstoffröhren oder an Möbelformaten (Regaltiefen).

Tabelle 1: Kennzahlen für handelsübliche Aquarienformate.

Länge in cm	Tiefe/Breite in cm	Höhe in cm	Glasstärke in mm	Volumen in Liter
60	30	30	4	54
80	35	40	6	112
100	40	50	8	200
120	40	50	8	240
150	50	60	10	450

Länge, Tiefe und Höhe sind Außenmaße. Das Volumen entspricht dem Außenvolumen des Glasbeckens.

Für Becken dieser Abmessungen gibt es das meiste Zubehör und dank Serienfertigung günstigere Preise als für Maßanfertigungen. Darüber hinaus bieten diese Maße keine besonderen Vorteile für Fische, jedoch so manchen Nachteil. Der verantwortungs- und kostenbewusste Aquarianer passt seinen Fischbestand an diese Gegebenheiten an.

2.1 Beckentiefe

Kleinere Aquarien bieten meist wenig Tiefe (nach hinten), damit sie auf handelsübliche Möbel passen. Tiefen von weniger als 40 cm sind ein Kompromiss an die Regalbauer. Für ansprechende Tiefenwirkung sind 30 cm jedenfalls zuwenig. Doch eine Beckentiefe von 50 cm gibt es erst bei sehr großen Becken serienmäßig.

Tiefe geht auch vor Höhe! Gerade die Tiefe bietet uns bei der Gestaltung viel mehr Möglichkeiten und den Fischen mehr Fläche, um Reviere zu bilden. Viele der natürlichen Heimatgewässer unserer Zierfische sind eher flach. Daher schwimmen die meisten Süßwasserfische horizontal, nicht vertikal. Insofern können sie auf Höhe eher verzichten als auf Tiefe.

DAUMENREGEL: Die Wasseroberfläche soll mindestens so groß sein wie die Frontscheibe. Dann passen Höhe und Tiefe zusammen.

TIPP: Die Tiefe sollte so groß wie möglich sein, damit sich eine möglichst große Oberfläche für den Gasaustausch zwischen Wasser und Luft und eine möglichst große Bodenfläche für Pflanzen, Dekoration und Bodenbewohner ergibt.

2.2 Beckenhöhe

Die Glaswände müssen umso stärker sein, je höher die Wassersäule steigen kann, um dem Druck standzuhalten. Da es sich hierbei um ein Sicherheitsrisiko handelt, werden die Wandstärken für Glasaquarien in der *DIN 32622*[23] geregelt. Darauf haben sich die deutschen Aquarienbauer geeinigt. Mit stärkerem Glas steigt auch der Preis.

M&M: Die Beckenhöhe ist beliebig wählbar.

Wenn auf dem Regal oder Unterschrank nur wenig Platz ist, kann man ein Becken mit größerer Höhe wählen, um auf die geforderte Liter-Zahl zu kommen.

Bei gleichem Wasservolumen können in hohen, aber engen Becken (z. B. Wandbild- oder Zylinderaquarien) weniger Fische gehalten werden als in seichten, aber weiten Becken. Denn je höher ein Aquarium ist, desto eher kommt es zu Sauerstoffmangel in den unteren Bereichen, insbesondere dann, wenn die Umwälzung zu schwach ist.

---

[23] vgl. DIN 32622:2006-09 Aquarien aus Glas – Sicherheitstechnische Anforderungen und Prüfung.

Ein niedrigerer Wasserstand schafft ein günstigeres Verhältnis zwischen Volumen und Oberfläche für den Gasaustausch. Außerdem lässt es sich leichter darin hantieren. In Becken mit mehr als 60 cm Höhe wird das Arbeiten mit der Hand (z. B. Reinigungsarbeiten, Pflanzen setzen) in den hinteren Bereichen oder auf dem Beckengrund mühsam.

Beckenhöhen von mehr als 50 cm bedingen Probleme in Pflanzenbecken, wenn man nur mit Standardleuchten beleuchtet, da deren Lichtdichte dann nicht ausreicht, um auch niedrig bleibende Bodendecker und sogenannte ‚Vordergrundpflanzen' oder kurze Kopfstecklinge ausreichend mit Licht zu versorgen.

Luftatmer (wie Labyrinthfische oder manche Welse) bevorzugen niedrige Wasserstände (maximal 40 cm), um jederzeit Luft schnappen zu können. Für ihre Jungtiere können bereits 30 cm zu tief sein.

Süßwasserzierfische stammen selten aus größeren Wassertiefen. Ausnahmen sind hochflossige Arten wie Skalare (*Pterophyllum*) oder Diskusbuntbarsche (*Symphysodon*). Viel Höhe wird auch dort benötigt, wo man mehrere Wasserschichten mit Fischen besetzen möchte, die auch in der Natur ‚übereinander' vorkommen oder deren Biotop eine senkrechte Felswand bildet. Höhen über 60 cm sind nur für Tiefwasserarten (z. B. aus den Ostafrikanischen Seen) erforderlich. Sie brauchen zumindest 70 cm Wasserstand. Ähnliches gilt auch für Riffaquarien. Denn Meeresfische müssen auch vertikal schwimmen können.

Manche Fischarten springen gerne. Hier kann ein hohes Becken, das aber nicht bis zum Rand mit Wasser gefüllt ist, Leben retten.

TIPP: In Becken mit 50 cm Höhe kann man mindestens 10 cm Abstand zwischen Lampen und Wasserspiegel beziehungsweise Schwimmpflanzen halten, 10 cm Bodensubstrat einbauen und dennoch netto 30 cm Wasserstand für Schwimmraum und für Stengelpflanzen anbieten.

2.3 Beckenlänge

Für die Beckenlänge sollte das Bewegungsbedürfnis der Fische bzw. deren Schwimmgewohnheiten ausschlaggebend sein.

M&M: Die Beckenlänge bemisst sich nach der Fischlänge.

6:1 bis 10:1

Als absolutes Minimum für die Beckenabmessungen werden folgende Maße genannt: sechsmal so lang und zweimal so breit wie der längste Fisch im Becken – falls dieser kein schneller Schwimmer ist. Bei der Anschaffung eines neuen Aquariums sollte man aber eher die zehnfache Länge zugrunde legen.[24]

10:1

Viele Quellen empfehlen Kantenlängen des Aquariums, die zehnmal so lang und fünfmal so breit wie die Körperlänge des längsten Fisches sind.

12:1

Nach einer amerikanischen Daumenregel beträgt die Mindestlänge eines Beckens 1 Fuß pro Zoll Fischlänge. Das entspricht etwa einem Verhältnis von 12 cm Länge pro Zentimeter Fisch.

8:1 - 12:1 - 15:1

Folgende Verhältnisse der Beckenlänge zur Fischlänge werden als tiergerecht erachtet: mindestens 8:1 für ruhige Fische, 12:1 für Schwarmfische und mindestens 15:1 für sehr schwimmfreudige Fische. [25]

---

[24] vgl. Maintenance, Practical Fishkeeping, 2016/05, Seite 51.

[25] vgl. Rötter, Otto (2012): Das pflegeleichte Aquarium. Anleitung zur naturnahen und tiergerechten Haltung von Aquarienfischen. eBook, Kindle.

Für die Zierfischhaltung im Handel gelten folgende Vorgaben:

> EXPERTE[26]: „Bei Fischen mit einer Gesamtlänge des größten Fisches (ohne Flossenfortsätze) von über 10 cm ist ein Becken mit Mindestkantenlängen (Länge x Breite) von 100 x 40 cm, bei einer Gesamtlänge von über 20 cm von 150 x 50 cm, bei einer Gesamtlänge von über 30 cm von 200 x 60 cm zu verwenden. Der Wasserstand soll mindestens der Breite des Beckens entsprechen."

Die Beckenlänge sollte den Fischen jedenfalls genug Raum geben, um ein Stück geradeaus schwimmen zu können oder auch schnell flüchten zu können, ohne sofort mit einer Wand zu kollidieren. Dabei versteht sich von selbst, dass schnelle Schwimmer (z. B. Zebrabärbling/*Danio rerio*) eher ein längeres Becken brauchen, das jedoch nicht übermäßig hoch oder breit sein muss. Umgekehrt bevorzugen ruhige Fische mehr Grund- oder Oberfläche statt Länge und somit ein (nach hinten) tieferes Becken (z. B. Antennenwelse/*Ancistrus*, Kampffisch/*Betta splendens*).

TIPP: Aquarien mit Sonderformen (Design-Aquarien) erfüllen praktisch keine dieser Anforderungen. Daher sollten dekorative kugelige, kubische und zylindrische Gefäße für die Fischhaltung ausgeschlossen werden.

2.4 Beckenvolumen

Die Kantenlängen bestimmen das maximal mögliche Wasservolumen und dessen Gewicht. Die *DIN 32622* begrenzt daher mit Rücksicht auf die Bodenbelastung in Wohnhäusern die Dimensionen für Aquarien im privaten Nutzungsbereich mit einer Länge von 2000 mm, einer Tiefe von 600 mm und einer Höhe von 600 mm Außenabmessung.

---

[26] Arbeitskreis 8 (Zoofachhandel und Heimtierhaltung) (Hrsg.) (2015): Merkblatt Nr. 37. Checkliste zur Überprüfung von Süßwasser-Zierfischhaltungen im Zoofachhandel. Tierärztliche Vereinigung für Tierschutz e.V., Seite 5.
Download auf https://www.tierschutz-tvt.de/alle-merkblaetter-und-stellungnahmen/

M&M: Das ‚Fassungsvermögen' laut Hersteller entspricht dem Innenvolumen.

Das typische Einsteigeraquarium zeichnet sich durch die Maße 60x30x30 cm und ein Volumen von 54 Liter Fassungsvermögen aus. So steht es allenthalben in Produktbeschreibungen zu lesen.

Mit einem ‚60er-Becken' ist kein 60-Liter-Becken gemeint (auch nicht im Werbeprospekt). Da es sich bei den Maßangaben um die Außenmaße handelt, enthält das daraus berechnete Volumen von 54 Liter auch das Eigenvolumen des Beckenglases. Bei der vorgeschriebenen Glasstärke von 4 mm ergibt sich ein Bruttoinnenvolumen von nur 51 Liter (59,2 x 29,2 x 29,6 cm). Nur dieser Wert entspricht dem tatsächlichen ‚Fassungsvermögen' des Beckens. Mit 5 cm Bodensubstrat und einem empfohlenen Wasserstand bis 3 cm unter dem Rand müssen noch einmal rund 14 Liter abgezogen werden, sodass den Fischen tatsächlich nur ein Nettovolumen von rund 37 Liter zur Verfügung steht – also fast ein Drittel (31 %) weniger als im Gesetz gefordert und von den Herstellern angedeutet.

Bei größeren Becken beträgt die Differenz zwischen Herstellerangaben und effektivem Nettovolumen nur ca. 20 %. Denn Glasstärke, Substrathöhe und der Abstand des Wasserspiegels zum Beckenrand nehmen nicht linear mit der Beckenhöhe zu.

Bei der Verwendung eines Außenfilters vergrößert dieser das zur Verfügung stehende Nettowasservolumen um sein Filtervolumen.

Viele Parameter – von der erforderlichen Düngermenge, der Konzentration von Medikamenten und Wasseraufbereitern über die Strömungsgeschwindigkeit als Anzahl der Umwälzungen des Volumens pro Stunde bis zur Kapazität des Heizstabes und zur maximalen Besetzung mit Fischen – beziehen sich auf das Nettowasservolumen. Die Außenmaße eines Beckens sind folglich eher für den Möbeltischler von Bedeutung, wenn das Aquarium in die Möblierung eines Zimmers eingepasst werden muss. Und doch arbeiten Aquarianer in der Regel mit dem Außenvolumen, weil die Hersteller nur dieses angeben (als ‚Fassungsvermögen'). Wer solche Ungenauigkeiten in Kauf nimmt, braucht auch Wasserzusätze nicht auf den Milliliter exakt dosieren oder Wasserparameter auf die zweite Kommastelle genau messen.

Der wohl häufigste Pflegefehler in bezug auf das Beckenvolumen ist Überbesatz.

M&M: Die maximale Besatzdichte ergibt sich aus dem Beckenvolumen.

In der Hobbyliteratur herrscht Uneinigkeit darüber, wieviele Fische in welchem Wasservolumen maximal gehalten werden dürfen.

- 1 cm Fisch pro 2 Liter Wasser (für filterlose und pflanzenlose Aquarien wie Goldfischgläser);
- 1 inch per gallon in Amerika – Das entspricht etwa 2,5 cm Fischlänge auf 4 Liter Wasser.
- Im filterlosen (aber bepflanzten) Aquarium wird die „1cm-Fisch/Liter-Wasser-Regel" angewendet, um Überbesatz zu vermeiden.[27]
- In Aquarien mit Filter können 10 cm Fisch pro 2 Liter Wasser [also 5 cm Fisch pro Liter] als Besatzobergenze betrachtet werden.[28]

Laien mögen sich unter Überbesetzung dicht gedrängte Fische vorstellen, die nicht mehr genug Platz zum Schwimmen haben. Doch Überbesetzung ist nicht primär ein Platzproblem. Überbesetzung liegt dann vor, wenn die organische Belastung (durch Futter und Ausscheidungen) des Aquariums mit dessen Selbstreinigungskapazität samt Biofilter und Wasserwechsel nicht mehr Schritt halten kann, erkennbar am Ammonium-, Nitrit- oder Nitratanstieg im Wasser.

Neben dem Volumen des Beckens und der Länge an Fischen sind noch weitere Faktoren für die maximale Besatzdichte ausschlaggebend.

> EXPERTE[29]: „Verbindliche Angaben zur Besatzdichte sind aufgrund vieler Variablen nicht möglich. Alter, spezifische Aktivitätsphasen, das Zahlenver-

---

[27] vgl. Mundt, Joachim: Das filterlose Aquarium (Projektvorstellung). http://www.aquaristik-hilfe.de/projekte01.htm

[28] vgl. Maintenance, Practical Fishkeeping, 2016/05, Seite 51.

[29] 2. Tierhaltungsverordnung (2. THV), Anlage 5: Mindestanforderungen an die Haltung von Fischen. BGBl. II Nr. 486/2004, Abs. 1.1., Z 11. https://www.ris.bka.gv.at/GeltendeFassung.wxe?Abfrage=Bundesnormen&Gesetzesnummer=20003860

> hältnis der Geschlechter wie auch das Verhältnis der Einrichtungsgegenstände zur Grundfläche des Aquariums sind von Bedeutung. Ein kleineres aber gut strukturiertes Aquarium ist für eine höhere Besatzdichte günstiger als ein größeres aber weitgehend leeres Aquarium."

Das Sozialverhalten der Fische sowie die Rolle der Pflanzen können noch ergänzt werden. Für boden- oder oberflächenorientierte Fische spielt die Größe der Boden- oder Oberfläche eine wichtigere Rolle als das Beckenvolumen.

Auch der Sauerstoffgehalt limitiert die Anzahl der Fische stärker als das Wasservolumen. So können in kaltem, sauerstoffreichem Wasser mehr Fische gehalten werden als in warmem Wasser gleichen Volumens. Ebenso können in seichtem Wasser mehr Fische gehalten werden als in tiefem Wasser gleichen Volumens, da der Gasaustausch besser funktioniert.

TIPP: Es versteht sich von selbst, dass man keinen 27 cm langen Fisch dauerhaft in einem 54 Liter-Becken (mit 60 cm Länge) halten kann, selbst nicht bei ausreichender Filterkapazität (wie z. B. in Hälterungsbecken), obwohl das ideale Verhältnis von 0,5 cm Fisch pro Liter Wasser gegeben wäre.

Je größer das Wasservolumen, desto langsamer verändern sich die Wasserparameter durch kleine Pflegefehler. Sollte man daher generell ein möglichst großes Becken wählen?

M&M: Je größer das Volumen, desto besser!

Wer die Wahl hat, sollte das maximal mögliche Volumen wählen. Dann erspart man sich häufigere Wasserwechsel. Denn mehr Wasser wird weniger rasch verschmutzt als weniger. Folglich ist ein größeres Wasservolumen stabiler als ein kleineres.

EXPERTE[30]: „While this is true for a fish focused tank, if you are starting out new to aquascaping, a smaller tank is almost always a better choice. [...] The instabilities of smaller tanks are over-stated by the internet community. [...] In terms of general maintenance, smaller is definitely easier. [...] If you cannot master a small tank, it's hubris to think that you will do well on a larger tank."

Es gibt also auch gute Gründe, die für ein kleines Becken sprechen. Diese sprechen allerdings oft gegen Anfänger.

- ☺ Ein kleines Aquarium ist leichter zu warten, reagiert aber sensibler auf Pflegefehler.
- ☺ In kleinen Aquarien wird tendenziell öfter ein Wasserwechsel fällig als in größeren. Dieser bedeutet in einem kleinen Becken jedoch weit weniger Aufwand. Meist reichen dafür ein Eimer, ein Schlauch und eine Gießkanne.
- ☺ Kleine Aquarien sind billiger in der Anschaffung und Erhaltung.

Vermeidet man die typischen Anfängerfehler wie Überbesatz und Überfütterung, kann ein kleines Becken ebenso stabil laufen wie ein großes. Umgekehrt können auch große Becken durch ebendiese Fehler aus dem Gleichgewicht geraten.

Für die Haltung von Fischen wird vom Gesetzgeber ein Mindestvolumen vorgeschrieben. Die 2. Tierhaltungsverordnung stellt klar:

EXPERTE[31]: „Eine dauerhafte Haltung auch kleiner Arten [von Süßwasserfischen] in Aquarien unter 54 Liter ist verboten." Davon ausgenommen ist die nicht dauerhafte, also verübergehende Haltung für Ausstellungen, Wettbewerbe, Verkauf, Zucht o.ä.. Für Meerwasserfische gilt im besonderen: „Für eine dauerhafte Haltung auch kleiner Fischarten ist ein Aquarium mit mindestens 200 Liter Rauminhalt (Länge 100 cm x Breite 50 cm x Höhe 40 cm) einzurichten."

---

[30] Is a larger plant tank always better because it is more stable? 2019, 2Hr Aquarist Pte. Ltd. (Singapur), https://www.2hraquarist.com/blogs/filters-overview/how-to-choose-tanks

[31] 2. Tierhaltungsverordnung (2. THV), Anlage 5: Mindestanforderungen an die Haltung von Fischen. BGBl. II Nr. 486/2004, Abs. 1.1., Z 9. https://www.ris.bka.gv.at/GeltendeFassung.wxe?Abfrage=Bundesnormen&Gesetzesnummer=20003860

TIPP[32]: Es muss nicht immer das größtmögliche Becken sein. Vor der Entscheidung für ein Aquarium sollten verschiedene Aspekte überlegt werden:

Ein Aquarium sollte klein sein, denn...

- ☺ kleine Fische oder Wirbellose können in kleinen Becken besser beobachtet werden.
- ☺ regelmäßige Pflegemaßnahmen wie Wasserwechsel, Pflanzenpflege usw. sind schneller durchgeführt.
- ☺ Fehlerquellen und Probleme werden leichter erkannt, und Maßnahmen wirken rascher.
- ☺ je größer, desto mehr Aufwand, Kosten und Gewicht verursacht ein Aquarium.
- ☺ wenn das Hobby nicht gefällt, waren die Ausgaben nicht hoch.

Ein Aquarium sollte groß sein, denn...

- ☺ in größeren Aquarien können größere Fische gehalten werden.
- ☺ in größeren Aquarien können mehr Fische gehalten werden.
- ☺ nur Becken ab 100 Liter eignen sich für die Vergesellschaftung mehrerer Arten.
- ☺ größere Becken können vielseitiger gestaltet werden.
- ☺ Pflegefehler wirken sich in großen Aquarien nicht sofort so gravierend aus wie in kleinen Aquarien. Dadurch bleibt mehr Zeit für Gegenmaßnahmen (wie Wasserwechsel).

---

32 vgl. Kottmann, Dennis: Aquariengröße. DRTA-Archiv.de (eEducation Net e.K.), https://www.drta-archiv.de/aquariengroesse/

3 Bauformen

Wie bereits im vorangegangenen Kapitel erwähnt, kommt es nicht nur auf die Maße und das daraus resultierende Volumen an, sondern auch auf die Bauform des Aquariums.

Roßmäßler[33] unterschied im Jahr 1857 nach der Bauform

- **Kelchaquarium** (aus „großen, weiten, kelchartigen Glasgefäßen", z. B. halbierte Schwefelsäureballons; nicht mehr als 30 cm Durchmesser)
- **Kastenaquarium** (4-, 6- oder 8-eckig; „aus Glastafeln in einem gußeisernen Sparrwerk"; 15 pariser Zoll[34] für jede Glasscheibe; Das entspricht einer Breite von rund 40 cm. Dann hätte ein 6-Eck einen Durchmesser von ca. 70 cm, ein 8-Eck von rund 100 cm gehabt. Im Vergleich dazu hatte das rechteckige Kastenaquarium von *Gosse*[35] die Maße von rund 60 x 45 x 45 cm.)
- **Beckenaquarium** („gemauertes und mit einer Tonsohle ausgeschlagenes Bassin"; als „Zimmer-Bassin-Aquarium" (aus einer Schale mit etwa 75 cm Durchmesser und 20 cm Tiefe) oder Garten-Bassin).

Obwohl das Kelchaquarium damals weiter verbreitet war, gab *Roßmäßler* doch dem Kastenaquarium den Vorzug, da die ebenen Glaswände den Inhalt dahinter nicht verzerrten (siehe Abbildung 1 auf Seite 38). Kastenaquarien haben sich in ihrer Grundstruktur bis heute bewährt.

---

[33] Roßmäßler, Emil A. (1857): Das Süßwasser-Aquarium. Eine Anleitung zur Herstellung und Pflege desselben. Mendelssohn, Leipzig, Seite 3–4. Deutsches Textarchiv, http://www.deutschestextarchiv.de/rossmaessler_suesswasseraquarium_1857

[34] 1 par Zoll = 2,707 cm

[35] Gosse, Philip Henry (1856): The Aquarium: an Unveiling of the Wonders of the Deep Sea. John van Voorst, London, 2. Ausgabe, Seite 251.
Digitalisat auf Google Books, https://books.google.at/

Sondermaße verkomplizieren und verteuern das Hobby. Dennoch finden auch Sonderformen weiterhin ihre Abnehmer.

M&M: Sonderformen passen in jede Ecke.

Zu den beliebtesten Sonderformen zählen

(1) Kasten- oder Rechteckaquarien
- mit gebogener Frontscheibe (z. B. *Juwel Vision*)
- mit geringer Tiefe (10–20 cm): Wandaquarien

(2) Eck- oder Deltaaquarien
- 5-seitiges Prisma mit ebenen Seiten
- 3-seitiges Prisma mit zwei ebenen Seiten im rechten Winkel und gebogener Frontscheibe (z. B. *Juwel Trigon*)

(3) Nano-Aquarien: häufig als Würfel; 10–40 Liter

(4) Säulenaquarien: Zylinder mit runder, 5-, 6- oder 8-eckiger Grundfläche und besonderer Höhe

(5) Kugelaquarien: auch Halbkugeln als Wandaquarien

Alle Sonderformen bringen eher Nachteile mit sich und keine Vorteile gegenüber rechteckigen, quaderförmigen Becken. Ihr Volumen steht stets in einem ungünstigeren Verhältnis zur Wasseroberfläche als in rechteckigen Becken. Dieses Verhältnis bestimmt den Gasaustausch mit der Luft.

Von gebogenen oder kugeligen Oberflächen wird abgeraten, da sie die Sicht auf den Inhalt verzerren.

> EXPERTE[36]: „Man hat überhaupt keine Vorteile bei gewölbten Becken. Auch das Anbringen von technischem Zubehör, wie zum Beispiel ein Thermometer mit Saugnapf, dürfte an gewölbten Scheiben Probleme mit sich bringen."

[36] Orndorff, Bastian: Aquarium – Einstieg. https://www.aq-technik.de/Aquarium-Einstieg/aquarium-becken.html

EXPERTE[37]: „Goldfischkugeln, Säulenaquarien und Wandbildaquarien sind für die Haltung von Fischen grundsätzlich nicht geeignet."

Kugelgläser verengen sich im Gegensatz zu den Kelchaquarien nach oben. Dadurch wird der verbrauchte Sauerstoff nicht rasch genug ersetzt. Die Fische sind gezwungen, dauernd an der Oberfläche nach Luft zu schnappen. Ähnliches gilt auch für die sogenannten Wandaquarien mit extrem kleiner Oberfläche relativ zur Höhe.

Auch würfel- und säulenförmige Aquarien sollten gemieden werden, da sie nur ungenügend Rückzugs- und Versteckmöglichkeiten bieten und auch nicht dem Bewegungsbedarf der Fische entsprechen. Weiters bieten sie kaum Platz für revierbildende Fische. Schwarmfische kommen in einem länglichen Becken besser zur Geltung.

Kubische Proportionen wie auch Deltaaquarien eignen sich eher für ein Riffaquarium. Ihre Grundfläche ist relativ klein. Dadurch kann man nur ‚in die Höhe' bauen. Für bodenbewohnende Luftatmer (manche Welse) kann die Wassersäule in solchen Becken unangenehm hoch werden.

TIPP: Alternativ kann man relativ hohe Becken nur teilweise mit Wasser befüllen und den Rest als Paludarium gestalten.

3.1 Rechteckaquarium

Quaderförmige Becken bieten die meisten Vorteile: Es gibt eine große Auswahl an Zubehör (zumindest, wenn man die Standardgrößen einhält). Filter, Heizstab und Thermometer lassen sich einfach an jeder Seitenwand befestigen. Dadurch bieten sie auch die meisten Möglichkeiten zur Gestaltung. Überdies können sie preiswert hergestellt werden.

Bis in die 1950er Jahre bestanden sie aus Glasplatten, die mit Fensterkitt in Rahmen aus Winkeleisen eingeklebt waren. Moderne Aquarien bestehen in den aller-

[37] Arbeitskreis 8 (Zoofachhandel und Heimtierhaltung) (Hrsg.) (2015): Merkblatt Nr. 37. Checkliste zur Überprüfung von Süßwasser-Zierfischhaltungen im Zoofachhandel. Tierärztliche Vereinigung für Tierschutz e.V., Seite 5. Download auf https://www.tierschutz-tvt.de/alle-merkblaetter-und-stellungnahmen/

meisten Fällen aus Floatglas (im Gegensatz zu Sicherheitsglas), das an den Kanten mit Aquariumsilikon verklebt wird. Die Dichtheit hängt damals wie heute vom Kleber und seiner richtigen Verarbeitung ab.

M&M: Schwarzes Silikon hält länger.

Man hört gelegentlich, dass sich Algen unter weißen oder farblosen (=lichtdurchlässigen) Silikonklebenähten vermehren und die Klebung in der Folge undicht wird.

„Da Algen Licht zum Wachsen brauchen, nimmt man besser schwarzes Silikon, da bekommen die Algen kein Licht und können nicht durch das Silikon hindurchwachsen." [38]

EXPERTE[39]: Dasselbe kann auch unter undurchsichtigen Klebern passieren. „Die Ursachen liegen ausnahmslos in der Verwendung eines nicht aquariengeeigneten Klebers oder in mangelhafter Vorbereitung der Klebestelle. In beiden Fällen haftet der Siliconkleber schlecht auf dem Glas und bietet winzige Spalten für die Algenunterwanderung."

EXPERTE[40]: „Der totale Gedankenfehler liegt bereits darin, daß die Algen ja VOR dem Silikon wachsen und nicht HINTER dem Silikon – von außen gesehen. Und VOR dem Silikon ist die Farbe DAHINTER völlig egal. Das Licht für das Algenwachstum kommt in diesem Fall nämlich nicht von innen oder oben, sondern von außen. [...] Die Farbe des Silikons spielt in diesem Zusammenhang überhaupt keine Rolle. [...] Schwarz ist jedoch momentan modern und darum nimmt man schwarz. [...] Wahrscheinlich ist dieses Märchen von den Algen, die durch das Silikon wachsen, von schlampigen Aquarienbauern in die Welt gesetzt worden: Da haben sie immer eine Ausrede, wenn ein Aquarium nicht sorgfältig geklebt worden ist!

[38] Splett, Uwe J. (2018): Die Geschichte mit den Algen, die durch das Silikon wachsen. https://www.afizucht.de/html/das_aquarium.html#Algen-wachsen-durch-Silikon

[39] Krause, Hanns-J. (2004): Handbuch Aquarientechnik. Bede, 4. Auflage, Seite 21.

[40] Splett, Uwe J. (2018): Die Geschichte mit den Algen, die durch das Silikon wachsen. https://www.afizucht.de/html/das_aquarium.html#Algen-wachsen-durch-Silikon

Es gibt auch eine verblüffend einfache Erklärung, warum mehr Aquarien mit transparentem Silikon undicht werden als welche mit schwarzem Silikon: Schwarzes Silikon wird noch nicht so lange verarbeitet, die Aquarien mit transparentem Silikon sind somit älter."

Mit dem Aquascaping kommen Weißglasbecken (,Optiwhite') und mit ihnen wieder transparente Kantenverklebungen in Mode. Bisher wurde nicht von Problemen mit undicht gewordenen Becken berichtet.

TIPP: Auf keinen Fall darf man Sanitärsilikon verwenden, da dieses fungizide (pilzhemmende) oder bakterizide Wirkstoffe enthält. Diese können vermutlich nicht nur bei Menschen Augen und Haut reizen und Allergien auslösen. Weitere Inhaltsstoffe stehen im Verdacht, das Immun- und Hormonsystem zu beeinträchtigen oder krebserregend zu sein.

3.2 Nano-Aquarium

Nano-Aquarien passen in die kleinste Wohnung und sogar auf den Schreibtisch.

M&M: Das Nano-Aquarium – „Was im Großen funktioniert, geht auch im Kleinen." [41]

Nano- oder Minifische können auch in Nano-Aquarien gut gehalten und gepflegt werden.

Nano-Aquarien sind die Einsteiger-Sets für Aquascaper.

Sogenannte Nano-Cubes mit bis zu 30 cm Kantenlänge bzw. –höhe geben attraktive Design-Gefäße für Aquascaping, nicht jedoch für die Fischhaltung. In Nano-Aquarien sollen keine Fische, sondern bestenfalls Wirbellose (Garnelen, Schnecken, Krebse) neben kleinen Pflanzen gehalten werden.

---

[41] Klingbeil, Barbara (2011): Nano-Süßwasseraquarien. NTV, Münster, 2. überarbeitete Auflage, Seite 6.

> EXPERTE[42]: „Nano-Becken (Wasservolumen meist 10–30 Liter) eignen sich nur für die Pflege durch sehr erfahrene Aquarianer. Der *AK 8 der TVT* lehnt daher die Präsentation und den Verkauf von mit Fischen besetzten Nano-Becken im Zoofachhandel strikt ab.“

Dennoch werden besonders Kampffische in trendigen Nano-Cubes (oft nur 1-Liter-Würfel) zur Schau gestellt, was von Laien für artgerecht gehalten wird, selbst wenn die Fische nur noch lethargisch in einer Ecke stehen.

Nano-Aquarien gehören nicht ins Kinderzimmer. Denn nicht alles, was im Großen funktioniert, geht im Kleinen ebenso einfach. Die Würfelform bringt Nachteile beim Sauerstoffaustausch an der relativ kleinen Wasseroberfläche. Bei einem Volumen von weniger als 20 Liter sollten gar keine Tiere, sondern nur Pflanzen darin gehalten werden. Eine artgerechte Haltung von Fischen ist in Nano-Aquarien nicht möglich:

> EXPERTE[43]: „Die [heute so modernen Nano-Aquarien] sind keinesfalls besser als die alten verpönten Goldfischglocken – nur eben eckig. Ich kann keine Aquarien leiden, wo Fische mit einem einzigen Flossenschlag an der anderen Seite ankommen. Das ist für mich genau dasselbe wie die Käfighaltung von Hühnern! Nur eben unter Wasser.“

TIPP: Je Filtereinheit „darf grundsätzlich ein Mindestvolumen von 54 Litern für die dauerhafte Haltung von Zierfischen nicht unterschritten werden.“ [44]

[42] Arbeitskreis 8 (Zoofachhandel und Heimtierhaltung) (2012): Stellungnahme zur Haltung von Fischen in Nano-Aquarien. Tierärztliche Vereinigung für Tierschutz e.V., Seite 2. Download auf https://www.tierschutz-tvt.de/alle-merkblaetter-und-stellungnahmen/

[43] Splett, Uwe J. (2013): Was heißt artgerecht oder was soll es bedeuten? https://www.afizucht.de/html/fragen_antwort_2.html

[44] Arbeitskreis 8 (Zoofachhandel und Heimtierhaltung) (Hrsg.) (2015): Merkblatt Nr. 37. Checkliste zur Überprüfung von Süßwasser-Zierfischhaltungen im Zoofachhandel. Tierärztliche Vereinigung für Tierschutz e.V., Seite 5. Download auf https://www.tierschutz-tvt.de/alle-merkblaetter-und-stellungnahmen/

3.3 Goldfischglas

Obwohl bereits in den 1960er Jahren silikonverklebte Becken auf den Markt kamen, hat sich das Goldfischglas lange darüber hinaus als ‚Aquarium des kleinen Mannes' gehalten und wurde zum ungewollten Symbol für das Hobby.

M&M: Mit einem Goldfischglas gelingt der Einstieg ins Hobby.

Für den Laien stellt das Goldfischglas noch immer die artgerechte Haltung für einen Goldfisch dar. Denn so wird es nicht nur in Karikaturen, sondern nach wie vor auch in der Werbung vermittelt.

> EXPERTE[45]: „Goldfischkugeln sind Tierquälerei (und in Österreich inzwischen verboten); aber leider gibt es immer noch Händler, die Goldfische (oder auch Kampffische/*Betta splendens*) in solch einem Glas präsentieren."

Zu viele Nachteile sprechen gegen die Haltung von Fischen in Goldfischgläsern:

- ☹ Das kleine Wasservolumen verschmutzt rasch.
- ☹ Die Wassertemperatur kann sich rasch ändern.
- ☹ Es gibt keinen Platz für Artgenossen. Daher leben viele der Fische in ‚Einzelhaft'.
- ☹ Es gibt nicht genug Platz für offenen Schwimmraum UND Pflanzen (Verstecke). Ohne Pflanzen mangelt es jedoch bald an Sauerstoff.
- ☹ Der Sauerstoffaustausch ist durch die kleine Wasseroberfläche eingeschränkt.

Es ist für jeden Fisch Quälerei, in einem solchen Behälter leben zu müssen. Nur weil es Beispiele dafür gibt, dass Fische jahrelang unter solchen Bedingungen überleben können, ist das noch lange kein Beweis für deren artgerechte Haltung. Schlechte Wasserqualität, die Vereinsamung und der nicht auszulebende Bewegungsdrang setzen den Fisch unter Dauerstreß, was seine Abwehrkräfte schwächt. Gift-

[45] Mette, Nikolai (2006): Becken und Einrichtung. http://goldfische.kaltwasseraquaristik.de/becken.htm

stoffe, Mangelerscheinungen oder Stress können das Wachstum verlangsamen und Deformationen verursachen, Zeichen für schlechte Haltungsbedingungen. Viele Goldfische in zu kleinen Behältern überleben daher ihre Jugendphase nicht. (Mehr über Haltungsfehler und ihre Mythen in Band 8.)

Erfreulicherweise hat in bezug auf den Goldfisch ein Umdenken eingesetzt. Doch ein Ersatz ist bereits gefunden: Immer öfter muss der Siamesische Kampffisch (*Betta splendens*) die Rolle des Goldfisches übernehmen, wie Angebote von ‚Betta Bowls' oder ‚Bettarium' auf Internetplattformen beweisen. Dabei handelt es sich um nichts anderes als Goldfischgläser oder Nano-Cubes mit marktkonformer Bezeichnung.

3.4 Design-Aquarium

Wie bereits das Goldfischglas brechen auch Design-Aquarien mit den traditionellen Maßen und Formen. Sie dienen vor allem als Design-Möbelstück. Dem Kitsch sind keine Grenzen gesetzt. Mit Acryl (‚*Plexiglas*') lassen sich weiche Formen gestalten. Abgerundete Kanten und LED-Lichteffekte im Feng-Shui-Stil überwinden sogar die Grenzen zur Esoterik. Für die artgerechte Fischhaltung sind solche Behälter in der Regel untauglich.

M&M: Ein Design-Aquarium bietet den Fischen eine interessantere Umgebung.

Sonderformen von Aquarienbecken bieten den Fischen interessantere Umgebungen als die gewöhnlichen Glaskästen und den Betrachtern echte Hingucker.

Beispiel: ***"Goldfish Racetrack"*** [46]
„*iL-studio* presents the exciting infinite aquarium. Round the corner, turn left, cross, turn right, around another corner ... what a sensation this must be for an animal with a memory of approximately 7 seconds... (some say). Also note the two vases in the middle, where one can place plants or fish food and that provide a hiding place for the fish. You see them, but they also see you. The 11 liter water content can provide a home for several fish; goldfish like company!"

[46] Leijn, Isabelle: Goldfish Racetrack. iL-studio (Niederlande), http://www.leijn.com/visrace.htm

Beispiel: ***„biOrb*** **Aquarien"** (von *Oase*)
Komplett-Sets aus Acryl werden u.a. als ideale Einsteigeraquarien für Aquascaping angeboten. Formen wie Kugel, Kasten, Zylinder und Würfel finden sich im Sortiment. Als stylisches Zubehör gibt es künstliche Pflanzen, künstliche Steine und andere künstliche Dekoration.

„Die meisten Fischarten benötigen auf diese Weise nur etwa 15 Minuten Pflege im Monat. [...] Inspiriert vom traditionellen 'Goldfischglas' besticht das *biOrb Classic* durch schlichte Eleganz." [47]

Beispiel: ***„Aquaplasma"*** (von *Aquatlantis*) [48]
Ein Wandaquarium aus Portugal, das mit nur 20 cm Tiefe einem Plasma-Flachbild-fernseher nachempfunden ist.

„The wall mounted aquariums are also known as portrait aquariums; they were first produced in Korea and were actually made with a picture frame surround, hence the 'portrait' in the name. [...] some fish keepers think that they are an excellent addition to the room, a showpiece to give visitors something to talk about." [49]

Lifestyle-Aquaristik stellt Design und ausgefallene Aquarienformate über das Wohl der Fische. Auch wird dabei zuwenig Wert auf eine komfortable Wartung gelegt.

> EXPERTE[50]: «Il est vivement déconseillé d'acheter ce type de contenant qui ne respecte pas les animaux même si leur aspect esthétique est intéressant. Certain d'entre-eux ne permettent de maintenir le poisson que pendant quelques heures.»

---

[47] biOrb Aquarium Katalog 2022, Seite 8+13. Download auf https://biorb.com/pages/katalog

[48] Aquaplasma. Aquatlantis (Portugal), https://www.aquatlantis.com/en/products/aquariums/decor/aquaplasma-70-001

[49] Mick (2016): Wall mounted fish tanks - Pros and cons. Aqua-Fish.Net (Slovakei), https://en.aqua-fish.net/articles/disadvantages-advantages-wall-mounted-fish-tanks

[50] vgl. Roux, David (2009): Des aquariums originaux... BlogNature, https://blognature.fr/des-aquariums-originaux/

„Es wird dringend davon abgeraten, diese Art von Behältnissen zu kaufen, da sie nicht das Wohl der Tiere respektieren, auch wenn sie ästhetisch reizvoll aussehen. Einige dieser Behälter erlauben die Haltung von Fischen nur für einige Stunden."

Gerade in kleineren Design-Aquarien kommen nur Garnelen und Schnecken als Insassen infrage. Doch obwohl sie nicht für Fische (auch nicht für sogenannte ‚Nanofische') geeignet sind, (ver-)enden früher oder später doch Fische darin. Zu halbherzig weisen Anbieter und Produktbeschreibungen auf Aspekte der Tierquälerei wie zuwenig Schwimmraum, zuwenig Versteckmöglichkeiten, zuwenig Oberfläche für Gasaustausch usw. hin, insbesondere in Ländern ohne entsprechende Standards.

Abbildung 1 zeigt eines der ersten Wohnzimmeraquarien. Mit seinen Maßen würde es auch modernen Standards genügen.

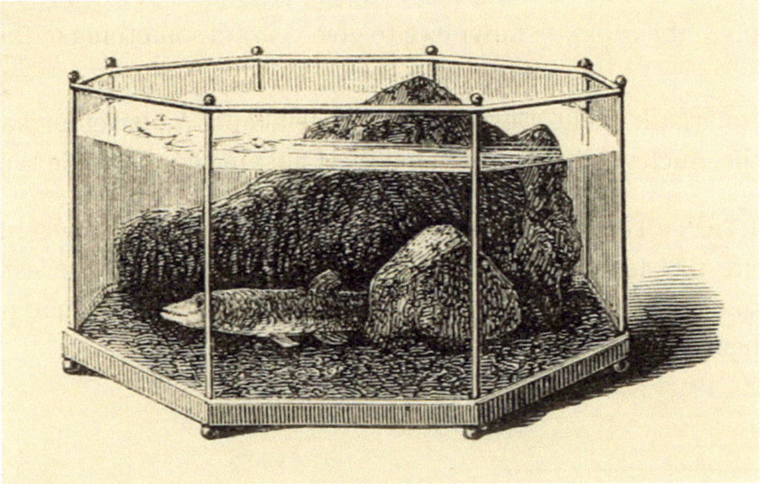

Abbildung 1: Achteckiges Kastenaquarium
(Quelle: Gosse, Philip H. (1856): The Aquarium: an Unveiling of the Wonders of the Deep Sea. 2. Ausgabe, Seite 252)

3.5 Ecosphere

Ecospheren gelten als „die kleinsten [Meerwasser-]Aquarien der Welt".

M&M: In der *Ecosphere* herrscht ein ökologisches Gleichgewicht.

Der *Ecosphere* liegt die Illusion vom „sich selbst erhaltenden, pflegefreien Lebensraum in vollkommenem Gleichgewicht" zugrunde. „In dieser Kugel ist die Welt in Ordnung!" [51]

„Die Kugel mit 10 cm Durchmesser wird mit 3–4 Garnelen geliefert. Da man das Alter der Garnelen nicht bestimmen kann, ist es möglich, dass das System auch nur mit 2–3 Garnelen ihr Gleichgewicht findet. Die Garnelen in der *EcoSphere* leben durchschnittlich 2–3 Jahre. Es gibt auch viele Systeme, in denen einzelne Garnelen nach über 5–10 Jahren leben. Der Kreislauf an sich ist auch ohne Garnelen noch intakt. Die weiteren lebenden Bestandteile der EcoSphere sind Grünalgen und Mikroorganismen. Die Gorgonie ist zum Schutz der Riffe aus Kunststoff." [52]

Die *Ecosphere* entspricht eher einem Flaschengarten als einem Garnelenaquarium. Bei den Garnelen handelt es sich um die Art *Halocaridina rubra* (Hawaii-Garnelen). Diese Art ist so genügsam, dass sie in diesen Kugeln mehrere Jahre überleben kann, bevor sie verhungert oder erstickt. Unter natürlichen Umständen beträgt ihre Lebenserwartung hingegen 10 bis 20 Jahre. Die Kugeln gibt es auch ohne Garnelen.

TIPP: Ohne den Vorwurf der Tierquälerei wiederholen zu wollen, müssen *Ecospheren* aus Sicht des Naturfreunds zumindest als ethisch bedenkliche Design-Objekte bezeichnet werden.

---

[51] Ecosphere Kugeln. Eschenbach & Rosinski GbR, Werbeagentur und Einzelhandel, https://www.ecosphere-shop.de/Ecosphere-Kugeln/

[52] EcoSphere Kugel 10 cm – Mini Aquarium. Amazon Europe Core S.à r.l., https://www.amazon.de/Ecosphere-Kugel-mit-LED-Beleuchtung/dp/B0018TZFIE

4 Ausstattung

Hat man sich für eine Beckengröße und Bauform entschieden, muss man das Becken mit Technik ausstatten. Während die einen auf moderne Technik setzen und weder Mühe noch Kosten scheuen, um damit ihre Traumunterwasserwelt zu realisieren, verlassen sich andere weitgehend auf ‚Mutter Natur', um in ihrem Aquarium ein ökologisches Gleichgewicht zu erreichen, in dem sich die Unterwasserwelt scheinbar selbst erhält. In keinem Fall wird das Ökosystem ‚Aquarium' ohne Aquarianer langfristig überleben.

4.1 Hightech-Aquarium

Im Hightech-Aquarium kommen zahlreiche technische Hilfsmittel zum Einsatz, von der dimmbaren Starklichtleuchte bis zur pH-gesteuerten CO_2-Düngeranlage. Auf diese Weise lassen sich beeindruckende Unterwasserlandschaften oder Minikorallenriffe verwirklichen. Langfristig sind solche Anlagen jedoch nur mit hohem Pflegeaufwand und hohen Kosten (auch Energiekosten) aufrecht zu erhalten.

Takashi Amano perfektionierte die ästhetische Gestaltung von Unterwasserwelten im Aquarium. Er gilt als Pionier des Aquascaping. Sein Konzept der künstlerischen Unterwasserlandschaften nannte er **‚Nature Aquarium'** [53]. Dabei wird viel Mühe und Design darauf verwendet, die Technik zu verbergen.

M&M: Das Naturaquarium bringt ein Stück Natur ins Wohnzimmer.

Wer kennt sie nicht – die Fotos von Gebirgen und Schluchten, mystischen Urwäldern oder versunkenen Gärten im Modelleisenbahnformat im Aquarium. Die Botschaft der Werbung ist klar: Jeder kann sich ein Stück Natur ins Wohnzimmer holen, wenn er nur in Hightech investiert, sei es auch nur in einem Nano-Cube.

Als Vorläufer des Naturaquariums kann das Holländische Pflanzenaquarium mit seiner unnatürlichen Vielfalt und Anordnung von Pflanzen betrachtet werden.

---

[53] Amano, Takashi (2011): Nature Aquarium: Complete Works 1985–2009. TFH Publications, 265 Seiten.

Mit einem natürlichen Biotop haben solche Naturaquarien nichts gemein. Vielmehr fließen in ihre Gestaltung Elemente aus der japanischen Gartengestaltung ein.

> EXPERTE[54]: „Deren [gemeint sind die Aquascaper] Ziel ist es, ein ästhetisch wirkendes Resultat gut zu fotografieren oder bei einem Wettbewerb zu präsentieren. Deshalb legen sie besonderen Wert auf die Pflege der Pflanzen, deren Anordnung, Wuchsform und Schnitt. [...] Bei ihnen stehen nur die Pflanzen, mitunter sogar eine pflanzenlose Dekoration, im Vordergrund. [...] Manchmal ist das tierische Beiwerk auch allein als Putzpersonal eingestellt."

Auch wenn solche Kreationen nicht auf lange Sicht ausgelegt sind, bedarf selbst die vorübergehende Erhaltung eines Naturaquariums einigen Aufwands.

> EXPERTE[55]: Starke Beleuchtung stimuliert starkes Wachstum von Pflanzen. In der Folge benötigen die Pflanzen zusätzliches CO_2, Boden- und Flüssigdünger. Aufgrund der beschleunigten Stoffwechselprozesse sind häufigere (mindestens wöchentlich) und stärkere (mindestens 50 %) Wasserwechsel unabdingbar. Durch das intensive Licht treten Engpässe in der Versorgung der Pflanzen viel schneller auf, zum Beispiel durch den Mangel an Kohlendioxid oder anderer Nährstoffe. Eine Stagnation des Wachstums der Pflanzen hat oft die Entwicklung von Algen zur Folge. In den engen Grenzen eines Aquariums müssen die Pflanzen häufig zurückgeschnitten und/oder ausgelichtet werden. Für die gleichmäßige Verteilung der Nährstoffe, aber auch für den Abtransport von Ausscheidungen braucht man starke Strömung im Ausmaß von bis zu 10-maliger Umwälzung des Beckenvolumens pro Stunde (z. B. mittels Powerheads). Starke Strömung reichert Sauerstoff an und treibt CO_2 aus, was den Pflanzen schadet und somit ebenfalls den Algenwuchs begünstigt. Gegen Algen wird dann ein als ‚Flüssig-CO_2' vermarktetes Algizid zugesetzt.

Caridina multidentata (ehemals: *C. japonica*, auch: Amano-Garnele) dient primär dazu, den Algenwuchs unter Kontrolle zu halten. *Riccia fluitans*, ein Schwimm-Moos,

---

[54] Berns, Andreas (2018): Sind Aquascaper denn wirklich Aquarianer? In: Aquaristik Fachmagazin, Nr. 261 Juni/Juli 2018, Jg. 50 (3)/3664, Seite 52f.

[55] vgl. Farmer, George (2016): Go with the flow. Practical Fishkeeping 2016/03, Seite 58f.

wird als ‚Rasen' aufwendig auf dem Boden fixiert. Im minimalistischen Iwagumi-Design werden Fische angeblich nur für den Fototermin eingesetzt.

> EXPERTE[56]: „I think it's worth bearing in mind that many of the high end aquascapes that feature in magazines and elsewhere, are not intended as long-term habitats for fish. It's not unusual for them to either only have the fish in them for the final 'competition' photograph, or be short term projects, stripped down and re-scaped every few months."

> EXPERTE[57]: „Sie [gemeint sind Naturaquarien] sind aus der Sicht eines Naturfreundes abzulehnen. [...] man kann und sollte Lebewesen anders und besser pflegen!"

Takashi Amano hat im Aquascaping Fotografie, Design und Aquaristik zu einer eigenen Kunstform zusammengeführt und damit der Aquaristik zu neuer Popularität und Umsätzen verholfen. Sein Unternehmen *Aqua Design Amano Co., Ltd. (ADA)*[58] erzeugt und vertreibt alle Produkte, die Aquascaper benötigen, von japanischen Steinen (siehe Kapitel 6.2) bis zur CO_2-Flasche in edlem Design.

Als Gegenentwurf zum Hightech-Aquarium versteht sich ein Aquariendesign, das mit möglichst wenig Technik und Pflegeaufwand auszukommen versucht.

4.2 Lowtech-Aquarium

Im Lowtech-Aquarium verzichtet man bewusst auf CO_2-Düngung und kommt folglich mit mittlerer Lichtstärke aus, wie man sie für die Beobachtung der Fische ohnehin braucht. Dazu begnügt man sich mit eher anspruchslosen Pflanzen. Diese garantieren ausreichende Sauerstoffversorgung bei moderatem Fischbesatz. Statt Filtertechnik dient das Substrat als Biofilter. Bodenorganismen und Pflanzen erbringen die

---

[56] Mehen, Bob: Do I need a background for my tank? https://www.practicalfishkeeping.co.uk/fishkeeping-answers/do-i-need-a-background-for-my-tank/

[57] Vierke, Jörg (2010): Kleine Aquarien. Kosmos, Seite 7.

[58] Aqua Design Amano Co. Ltd. (ADA) (Japan), https://www.adana.co.jp/en/

erforderliche Reinigungsleistung. Unter dem Substrat wird ein nahrhafter Boden eingebaut, der die Pflanzen langfristig mit CO_2 und anderen Nährstoffen versorgt. Ausnahmsweise kann mit Flüssigdünger zugedüngt werden. Auf weitere Technik oder Chemie wird jedoch verzichtet. Moderne Wohnungen sind ganzjährig beinahe tropisch warm, sodass viele subtropische Fische mittlerweile sogar ohne Aquarienheizung auskommen.

Gleichgewichtsaquarium

Der Traum vom sich selbst erhaltenden Gleichgewichtsaquarium wurde bisher weder mit Hightech noch Lowtech verwirklicht (wenn man von *Ecospheren* (Kapitel 3.5) absieht). Im Idealfall assimilieren die Pflanzen die Ausscheidungen der Fische (z. B. CO_2 und Ammonium), während die Fische den von den Pflanzen produzierten Sauerstoff veratmen. In überbesetzten Aquarien (also praktisch in fast allen) stellt sich dieses Gleichgewicht jedoch nicht ein. Daher müssen wir mit Chemie, Technik und Pflege für gesunde Bedingungen sorgen.

M&M: Das Gleichgewichtsaquarium kommt ohne Pflege aus.

„... with sand on the bottom, snails, and plants that can provide oxygen, fish can live forever.“ [59]

Auf diesem ‚Aquarienprinzip‘ beruhten die meisten Aquarien bis in die 1950er Jahre. Diese Aquarien mussten ohne Thermostat, Filter oder Pumpen auskommen. Das Licht kam durch das Fenster oder aus Glühbirnen. Die Beheizung erfolgte entweder über den Heizkörper unter dem Fensterbrett oder mit einem Brenner unter dem Schieferboden des Beckens. Das Funktionieren dieser Aquarien hing am Gleichgewicht zwischen Tieren und Pflanzen. „‚Gleichgewichtsaquarium‘ [auf englisch: ‚Balanced Aquarium‘] hieß das Zauberwort.“ [60]

---

[59] Warington, Robert (1851): Notice of observations on the adjustment of the relations between the animal and vegetable kingdoms, by which the vital functions of both are permanently maintained. Quarterly Journal of the Chemical Society of London, 1851/3, 52–54.

[60] Bailey, Mary (1998): Aquaristik in Großbritannien. DATZ 51, 1/98, Seite 33 (Übersetzung aus dem Englischen).

Die primitive Ausstattung und die Unkenntnis biologischer Prozesse erlaubten kaum guten Pflanzenwuchs und folglich kein stabiles Gleichgewicht, sodass das Gleichgewichtsaquarium wieder aus der Mode kam.

> EXPERTE[61]: Ein ökologisches Gleichgewicht wie in der Natur kann im Aquarium nicht repliziert werden. Selbst ein Altwasserbecken erfordert die regelmäßige Aufmerksamkeit des Pflegers, wenn kein Gammelbecken daraus entstehen soll. Überlässt man ein Aquarium für längere Zeit sich selbst, wird es eher ökologisch kippen, als ein Gleichgewicht erreichen. Beachtet man jedoch einige Grundsätze der Natur und der Aquaristik, lässt sich mit wenig Technik ein authentisches und dennoch pflegeleichtes Aquarium gestalten, in welchem Fische und Pflanzen harmonieren, also in einem künstlichen Gleichgewicht leben, das zugleich den Vorstellungen des Aquarianers entspricht.

BEISPIEL: ***Walstad*-Aquarium**[62]

Walstad hat eine Methode beschrieben, wie ein Aquarium mit geringem Pflegeaufwand sowie niedrigen Energie- und Erhaltungskosten betrieben werden kann. Im *Walstad*-Aquarium spielen die Pflanzen eine zentrale Rolle. Sie unterscheiden sich deutlich von jenen im *Amano*-Aquarium. *Walstad* arbeitet vorwiegend mit starkzehrenden Wurzelpflanzen. Ihre Grundversorgung mit CO_2 erfolgt über Erde (‚Potting Mix') im Bodensubstrat. Gemeinsam mit Bodenbakterien reinigen sie das Wasser, indem sie unter anderem das von den Fischen erzeugte Ammonium und CO_2 verbrauchen. Da sie emers weiterwachsen dürfen, decken sie ihren CO_2-Bedarf auch aus der Luft. Somit kommt das *Walstad*-Aquarium sowohl ohne CO_2-Düngeranlage als auch ohne Biofilter aus. Häufiges Saubermachen oder ‚Scapen' wäre hier kontraproduktiv.

Ein Aquarium ohne separaten Filter ist durchaus realisierbar, wenn sich genügend Bakterien im Becken ansiedeln können. ‚Genügend' ist dabei relativ zu den anfallenden Stoffwechselprodukten der Fische und Pflanzen zu verstehen. ‚Genügend'

---

[61] vgl. Boruchowitz, David E. (2001): The Balanced Aquarium (For the Freshwater Aquarium). TFH Publications, 64 Seiten.

[62] Walstad, Diana (2023): Ecology of the Planted Aquarium. A Practical Manual and Scientific Treatise. Echinodorus Publishing, 4. Auflage, 228 Seiten.

genügt dann, wenn Ammonium (NH_4) und Nitrit (NO_2) umgehend abgebaut werden und nicht im Wasser nachweisbar sind.

Filterlose Aquarien verfügen auch nicht über eine Filterpumpe. Für die bloße Wasserzirkulation genügt oft eine kleine Kreisel- oder Membranpumpe, die das Wasservolumen einmal pro Stunde umwälzt, ohne zuviel CO_2 auszutreiben. Solche Pumpen können mit einem Mattenfilter kombiniert werden, der praktisch wartungsfrei läuft.

TIPP: Pflegeleichte Aquarien verursachen nicht nur weniger Aufwand. Sie sind auch weniger störungsanfällig, vorausgesetzt sie werden mit pflegeleichten Fischen und Pflanzen besetzt:

1. Fische, die Trockenfutter fressen, leben länger (in einer Krise). Trockenfutter kann ungeöffnet sogar ungekühlt lange gelagert werden.
2. Fische, die mit dem lokalen Leitungswasser zurecht kommen, leben länger. Ihr Wohlergehen hängt nicht von Osmosefilter oder Wasseraufbereitern ab.
3. Fische, die bei Zimmertemperatur noch nicht frieren, leben länger, wenn der Heizstab oder die Stromversorgung ausfällt. Subtropische Fische (z. B. Guppy und Platy, *Danio rerio, Tanichthys albonubes, Macropodus opercularis, Oryzias latipes*) brauchen bei normaler Zimmertemperatur keine Aquarienheizung.
4. Fische, die mit weniger Sauerstoff im Wasser auskommen (z. B. Labyrinthfische), leben länger, wenn es heiß ist und die Umwälzpumpe versagt.
5. Fische in schwächer besetzten Becken leben länger,
   - wenn ein Parasit oder Bazillus auftritt. Je größer die Abstände zwischen den Individuen, desto schwieriger wird die Übertragung von Krankheitserregern, insbesondere in dicht bepflanzten Becken.
   - wenn der Kanisterfilter undicht wird, Filterpatronen verstopfen oder die Pumpe versagt.
6. Pflanzen leben länger, wenn sie mit weniger Licht zurechtkommen (z. B. *Cryptocoryne, Vallisneria, Hygrophila, Limnophila, Rotala, Ludwigia*, Farne, Schwimmpflanzen). Sie kommen dann auch ohne CO_2-Düngung aus. Ganz ohne künstliche Beleuchtung wird es jedoch nicht gehen, zumal man in einem unbeleuchteten Aquarium die Fische nur schlecht beobachten kann.

Ganz ohne Technik kann jedoch kein Aquarium langfristig stabil betrieben werden (wie in Band 6 gezeigt werden wird). Mit technischen Hilfsmitteln und dem Wissen um das natürliche Gleichgewicht optimieren wir heute unsere Aquarien für unsere Fische bezüglich einzelner Aspekte des natürlichen Gleichgewichts wie Vergesellschaftung, Wasserparameter oder Fressgewohnheiten, während andere Aspekte wie Fressfeinde, Krankheiten oder Naturgefahren ausgeblendet werden.

Gleichzeitig besteht eine Herausforderung des Hobbys gerade darin, auch anspruchsvollere Arten zu halten und sogar zu vermehren. Letztlich stellt jedes Aquarium ein künstliches Biotop dar, wie es in der Natur in dieser Art wohl nirgendwo vorkommt, sei es weil die eingesetzten Arten nicht zusammenpassen, weil es darin keine natürlichen Feinde gibt oder weil die natürlichen Prozesse mit technischen Mitteln unterstützt oder simuliert werden. Das gilt für *Amanos* 40 Meter langes Naturaquarium im Ozeanarium[63] von Lissabon ebenso wie für *Walstads* naturnahe Aquarien.

Komplett-Set

Wem Hightech zu aufwendig, Lowtech jedoch zu wenig kontrollierbar erscheint, der wird gerne mit einem Komplett-Set bedient, quasi ‚all inclusive'.

M&M: Das Komplett-Set eignet sich ideal für Anfänger.

Das Marketing bietet Komplett-Sets regelmäßig als Schnäppchen an und vermitttelt zugleich den Eindruck, alle Komponenten seien optimal aufeinander abgestimmt. Die Vorbereitung und Planung wurde bereits in einer Marketing-Abteilung erledigt. Alles ist vorbereitet und wartet nur noch auf Wasser, Pflanzen und Fische.

[63] The World Largest Nature Aquarium at Oceanário de Lisboa, Portugal, https://www.adana.co.jp/en/lisbon/

(1) Maße

Komplett-Sets mit den Standardmaßen 60x30x30 cm werden als „ideale Einsteiger-Sets“ vermarktet: „Durch das schlanke Design mit einer Bodenfläche von 60 auf 30 Zentimetern lässt sich dieses Aquarium in vielen Regalen unterbringen.“ [64]

Aus den 60 Zentimetern werden schon einmal 60 Liter, obwohl selbst „54 Liter Fassungsvermögen“ noch übertrieben ist (siehe Kapitel 2.4).

(2) Ausstattung

Ein Einsteiger-Set wird in der Regel mit einem Deckel mit integrierter Beleuchtung „für gesundes Wachstum“, einem „leistungsstarken Filter“ und einem Reglerheizer ausgeliefert. Einsteiger brauchen sich also keine Gedanken über die Ausstattung machen. Wer die richtigen Präparate dazukauft, kann auch gleich die Fische mit nach Hause nehmen – wenn nicht bunte Fischflocken und lustige Unterwasserdekoration bereits ‚gratis‘ im Set enthalten sind. Gerade für Einsteiger-Sets werden passende ‚Anfängerfische‘ empfohlen, allen voran Guppys oder Platies. Aber auch ein ‚Fenster-putzer-Wels‘ darf nicht fehlen.

(3) Zielgruppe

„Ein kleines Aquarium eignet sich auch hervorragend als Geschenk für kleine Unterwasserfans. Unter Anleitung und Hilfestellung können so auch Kinder und Jugendliche die Grundlagen der Aquaristik entdecken.“ [65]

Das Angebot zielt nicht nur auf kleine Einsteiger ab, sondern auch auf Unentschlossene, die das Hobby erst einmal im Kleinen ausprobieren wollen. Mit kleinem Aquarium und kleinem Preis (im Set noch billiger!) ist bei Nichtgefallen (des neuen Spielzeugs) nicht viel verloren.

Komplett-Sets erscheinen ideal für Einsteiger. Die kleinsten Komplett-Sets werden vom Handel gern als günstige Einsteigeraquarien angeboten, sind sie doch wenig be-

---

[64] Produktmerkmale des Aquariums Advance 60 LED in Weiß. Hornbach Baumarkt GmbH (Österreich), https://www.hornbach.at/shop/Aquarium-aquatlantis-Advance-60-mit-LED-Beleuchtung-Filter-Heizer-ohne-Unterschrank-weiss/8809147/artikel.html

[65] Einsteiger Aquarien. Dehner Gartencenter Österreich GmbH & Co. KG, https://www.dehner.at/zoo-aquaristik-einsteiger-aquarien/

ratungsintensiv. Im besten Fall regen sie zum Kauf von Zubehör an – und schon bald zu einem größeren Aquarium. Für viele Aquarianer beginnt das Hobby daher mit einem Einsteiger-Set. Leider endet es bei vielen auch mit diesem, wenn sie enttäuscht feststellen, dass es nicht wie erwartet funktioniert. Dann findet man es auf Tauschplattformen im Internet „wegen Hobby-Aufgabe" wieder.

Billige Einsteiger-Komplett-Sets sollen zum Erstkauf animieren. Der marktübliche Set-Preis liegt oft nicht höher, als er für eine Aquarienleuchte (insbesondere für eine moderne LED-Leuchte) allein zu berappen wäre. Wer sich für ein solches Aquarium entscheidet, sollte folgendes bedenken:

(1) Maße

- ☹ Für Fische ist nicht viel Platz.
  54 Liter brutto ergeben ca. 40 Liter netto. Dafür ist die Auswahl an geeigneten Arten sehr eingeschränkt. Auch die Kombination verschiedener Arten ist schwierig, da die meisten kleinen Fische in Gruppen von zumindest acht Individuen leben möchten.
- ☹ Für Pflanzen und eine adäquate Beleuchtung ist nicht viel Platz.
- ☹ Für Ausstattung und Dekoration sowie für das Hantieren im Becken ist ebenfalls nicht viel Platz.
- ☹ Nachträgliche Änderungen und Anpassungen sind kaum möglich.

Zur gesetzlich erlaubten minimalen Abmessung für Fischbehälter gibt es gelegentlich 5 cm zusätzliche Höhe und damit 9 Liter extra. Doch Vorsicht! Manche Anbieter zählen auch die Höhe des Deckels dazu.

Die Glasdicke von 4 mm ist für diese Größe von der *DIN 32622* vorgeschrieben. Weniger ist nicht erlaubt, mehr nicht notwendig.

TIPP: Ein Becken für den Einstieg sollte ein Fassungsvermögen von zumindest 100 Liter bieten. In einem 80 cm langen Becken (80x35x40 cm mit 112 Liter Außen- und 105 Liter Bruttovolumen) lassen sich bereits etliche der üblicheren Zierfische zufriedenstellend in ihrem arttypischen Verhalten beobachten.

(2) Ausstattung

Tatsächlich sind Reglerheizer und Filterpumpe regelmäßig überdimensioniert, während an der Beleuchtung gespart wird. Bei der Leuchte besteht das höchste Einsparpotential. Bewusste Abweichungen von Marktnormen in Komplett-Sets dienen der Kundenbindung. Der Kunde ist dann bei Zubehör- oder Ersatzteilen, die passen sollen, an die jeweilige Marke gebunden, wenn er kein Bastler ist. Für die Komplett-Sets gibt es optional Unterschränke zu erwerben. Diese passen in Design und Belastbarkeit zum jeweiligen Aquarium. Leider beträgt ihre Höhe selten mehr als jene eines Esstisches (ca. 70 cm). Für eine bequeme Betrachtung des Aquariums wäre jedoch eine Höhe von 90 cm (entspricht etwa der Höhe einer Küchenanrichte) vorteilhaft.

(a) Der „leistungstarke Filter" bezieht sich auf eine Pumpe, die mit 300 l/h die „54 Liter" umwälzt (also sechsmal pro Stunde, wo einmal auch genügen würde). Der unterdimensionierte Innenfilter verstopft dadurch nach kurzer Zeit und verliert seine Funktion, wenn er nicht ständig erneuert wird (mit Original-Ersatzfilter). Markenfremdes, aber preisgünstigeres Zubehör kann in der Regel nicht verwendet werden, und sei es nur Filter-Schaumstoff für die Filterkammer. Ist der Innenfilter eingeklebt (z. B. in Becken von *Juwel*), kann er nur mit bastlerischem Geschick entfernt werden (z. B. dann, wenn man ihn durch einen Außenfilter oder einen Hamburger Mattenfilter ersetzen möchte).

(b) Ein 50-Watt-Heizer ist für ein 54-Liter-Wohnzimmeraquarium überdimensioniert. Bei einer Raumtemperatur von ständig über 20° C und einem Besatz mit sogenannten ‚Anfängerfischen' erscheint ein Heizstab sogar überflüssig.

ACHTUNG: Nicht jeder ‚Heizstab' ist auch ein ‚Reglerheizer', dessen Temperatur reguliert werden kann.

(c) Der Deckel ist meistens auf den Beckenrand aufgeklebt, seltener abnehmbar. Im Deckel ist in der Regel eine Lampe integriert.

> EXPERTE[66]: „Einige Hersteller verbauen Sonderlängen [von Leuchtstoffröhren] in ihren Abdeckungen, das ist nur ärgerlich, weil diese Röhren teurer sind, einen Vorteil bietet es nicht."

---

[66] Schulz, Christian: Beleuchtung. https://wohnzimmeraquarium.de/index.php/beleuchtung

Hatte man ein solches Komplett-Set mit einer nicht standardkonformen Röhrenlänge (z. B. von *Juwel*) erworben, so war man bei den Ersatzröhren dauerhaft an die teuren Speziallängen gebunden, die überdies nur im Zoofachhandel erhältlich waren.

Heute werden praktisch nur noch LED-Leuchten (7–10 W) verbaut. Deren Helligkeit entspricht jener der alten T8-Röhren (mit 15 W). Unter so wenig Licht (0,25 W/l bzw. 15 lm/l gilt als Schwachlicht) können nur wenige Pflanzenarten gut gedeihen und ihrer Rolle als Biofilter gerecht werden. Anspruchsvollere, meist teuer erstandene Pflanzen gehen langsam ein. Eine solche Beleuchtung reicht für ein Fish-only-Aquarium. Doch für ein solches ist der Innenfilter zu klein dimensioniert.

TIPP: „Kaufst du aber ein Komplettset, bei dem viele Komponenten nicht für deinen Zweck geeignet sind, musst du dennoch einzelne Aquarientechnik wie Filter oder Beleuchtung zukaufen – kommst du eventuell auch nicht günstiger weg. Hier lohnt sich ein genauer Vergleich!“ [67]

Im nachhinein erweisen sich scheinbare Schnäppchen oft als Geldverschwendung.

(3) Zielgruppe

Kleine Aquarien eignen sich nicht besser als größere für Kinder, wenn die Kinder unter Aufsicht von Erwachsenen den verantwortungsvollen Umgang mit Tieren und Pflanzen, sowie mit den ihnen übertragenen Aufgaben lernen sollen. Dann können sie an einem Aquarium spielerisch viel über Biologie, Chemie und Physik lernen, was in der Schule abstrakt und theoretisch klingen mag.

Mit dem typischen Einsteiger-Set lernt der Anfänger in kurzer Zeit, dass jeder Pflegefehler (zu viel Futter, zuwenig Wasserwechsel, tote Tiere und Pflanzen) rasch zur Katastrophe, also zum Kippen des kleinen Ökosystems führen kann. Ein toter Fisch oder eine Portion Futter zu viel belastet 54 Liter doppelt so stark wie 112 Liter. Hat der Einsteiger diese Lektion gelernt, ist er bereit für das nächstgrößere Set oder er gibt auf.

---

[67] Aquascape (2013): So findest du das richtige Aquarium für dich. NatureHolic GmbH, https://www.aquascape.de/blog/detail/sCategory/381272/blogArticle/615#komplett

5 Besatz

Beckengröße, Bauform und Ausstattung sollten primär nach dem geplanten Besatz ausgewählt werden. Dieser wiederum sollte nach dem verfügbaren Wasser ausgewählt werden (siehe Band 2). Oder man muss das Leitungswasser dem Besatz entsprechend aufbereiten (siehe Band 3). Wird nicht klar zwischen Fisch-, Pflanzen- und Gesellschaftsbecken unterschieden, kommt es zwangsläufig zu Beratungs- bzw. Haltungsfehlern.

5.1 Fischbecken

Fischaquarien (‚fish-only') enthalten typischerweise keine Pflanzen (wenn man von Algen absieht). Wenn sie Pflanzen enthalten, so reicht deren Zweck nicht über den der Dekoration oder als Versteck oder zusätzliches Futter für die Fische hinaus. Solche Becken kommen mit einer einfachen Beleuchtung aus. Für die Wasserreinigung sind hauptsächlich Bakterien zuständig. Ein Bodensubstrat ist nicht zwingend erforderlich, schafft aber zusätzliche Oberfläche für Bakterien.

Solche Aquarien brauchen leistungsfähige Biofilter und infolge der hohen Nitratproduktion häufige Wasserwechsel. Saubermachen steht hier an erster Stelle.

BEISPIEL: **Malawi-Becken**

Das Wasser ist zu alkalisch für die meisten Pflanzen. Der hohe pH-Wert zeigt an, dass kaum freie Kohlensäure/CO_2 im Wasser gelöst ist. Die Fische halten sich zwischen Steinen und Felsen oder im freien Wasser auf und weiden Algenrasen ab.

BEISPIEL: **Meerwasserbecken**

Auch Meerwasserbecken können zu den Fish-only-Becken gezählt werden, auch dann, wenn sie nur Korallen enthalten. Auf Meerwasseraquaristik wird in dieser Reihe mangels Erfahrung des Autors nicht näher eingegangen. Sie stellt zwar, ähnlich wie Terraristik, ein verwandtes, aber dennoch unterschiedliches Hobby dar.

5.2 Pflanzenbecken

In Pflanzenaquarien spielen Fische nur eine dekorative Rolle oder die Rolle der Algenfresser, die sie mit Garnelen teilen. Große Filter sind in solchen Becken kontraproduktiv, da die nitrifizierenden Bakterien mit den Pflanzen um Ammonium konkurrieren. Auch Bodenfilter sind tabu, da sie zuviel Sauerstoff in den Wurzelbereich eintragen und dadurch die Aufschließung von Nährstoffen verhindern würden. Zugleich zeichnen sich diese Aquarien durch extra starke Beleuchtung und CO_2-Düngung aus.

Das starke Wachstum der Pflanzen im begrenzten Raum des Aquariums erfordert tägliches Gärtnern unter Wasser.

BEISPIEL: **Naturaquarium** (nach *Amano*)

Das typische Pflanzenaquarium war das Holländische Aquarium. Es wurde von den heute modernen Naturaquarien der Aquascaper (siehe Kapitel 4.1) abgelöst.

5.3 Gesellschaftsbecken

> EXPERTE[68]: „... wobei hier mit ‚Gesellschaft' nicht ein Aquarium mit verschiedensten Fischen gemeint ist, sondern die natürliche Gesellschaft von Fischen u n d Pflanzen!".

Gesellschaftsaquarien stellen eine einzigartige Symbiose aus Pflanzen und Tieren dar. Die in solchen Gesellschaftsaquarien vorkommenden Zusammenstellungen kommen in der Natur normalerweise nicht vor. Bei der Vergesellschaftung muss man unbedingt die natürlichen Bedürfnisse und Verhaltensweisen der Individuen berücksichtigen. Viele der gängigen Aquarienfische können sich an verschiedene Wasserwerte anpassen. Aber sie ändern nicht ihr artgemäßes Verhalten, insbesondere nicht ihr Fress- oder Revierverhalten.

---

[68] Krause, Hanns-J. (2004): Handbuch Aquarientechnik. Bede, 4. Auflage, Seite 111.

M&M: Gleich und gleich gesellt sich gern – auch im Gesellschaftsaquarium.

Fische mit ähnlichem Verhalten und aus ähnlichen Lebensräumen können am besten miteinander vergesellschaftet werden.

> EXPERTE[69]: „Bei der Vergesellschaftung von Fischen wurde sehr häufig empfohlen, Fische mit den gleichen Ansprüchen zusammen in ein Aquarium zu setzen. Diese Empfehlung widerspricht jedoch allen bisher bekannten biologischen Konzepten. Zwar ist eine Vergesellschaftung von Tieren mit ähnlichen Ansprüchen an die wichtigsten Wasserparameter (Temperatur, elektrische Leitfähigkeit, Wasserhärte, Ionenspektrum, pH) durchaus sinnvoll, wissenschaftliche Untersuchungen haben aber gezeigt, dass die zwischenartliche Konkurrenzvermeidung und damit die Ressourcenaufteilung (Futter, Reviere, Verstecke, Laichplätze, ...) meist eine sehr viel größere Rolle bei der Wahl des Lebensraums spielen."

Wenn Fische in ihrem Verhalten nicht zusammenpassen, wird die Vergesellschaftung im Aquarium nicht funktionieren, und sei es nur, dass die scheueren Tiere langsam verhungern, getötet werden oder sich schlicht den ganzen Tag verstecken. Oft erweist sich ein scheinbares Gleichgewicht nur als Gleichgewicht des Schreckens, in dem die Insassen nicht in der Lage sind, nach ihren Instinkten und angeborenen Verhaltensmustern zu leben, da sie sich von Feinden oder Konkurrenten umzingelt fühlen.

TIPP: Einfacher zu pflegen ist ein Artaquarium, also mit Fischen nur einer Art, selbst dann, wenn die Art als schwierig zu halten gilt.

[69] Hetz, Stefan K. (ohne Jahr): Otothyropsis piribebuy. https://native-fish.org/allpages/otothyropsis

6 Dekoration

Aquariendekoration soll helfen, den Anblick eines Aquariums zu verschönern. Damit erfüllt sie primär einen ästhetischen Zweck aus Sicht der Betrachter. Aus Sicht der Aquarienbewohner können manche dieser Objekte ebenso gut weggelassen werden, während andere durchaus auch nützliche Funktionen erfüllen. So dienen Dekorationsobjekte auch als Siedlungsflächen für Mikroorganismen. Zudem bieten sie Versteckmöglichkeiten, Reviergrenzen, Ruhe-, Weide- und Laichplätze und tragen damit zum Wohlbefinden der Tiere bei. Besonders geeignet erscheinen dazu natürliche Objekte wie Steine und altes Holz. Bodensubstrat und Pflanzen sollten nicht primär als Dekoration, sondern vielmehr als wichtige Bestandteile des Ökosystems ‚Aquarium' betrachtet werden.

M&M: Aquariendekoration aus der Spielzeugkiste gefällt nur Kindern.

„Um außergewöhnliche Skulpturen, ein spannendes Schiffswrack oder andere Aquarien-Dekoration gekonnt in Szene zu setzen, eigenen sich LED-Lichter hervorragend. Lasse mit dieser Aquarium-Beleuchtung deiner Kreativität freien Lauf – wie wäre es mit einem rot angestrahlten Bubble-Maker, der sich so in einen sprudelnden Unterwasser-Vulkan verwandelt?" [70]

Blubbernde Gerätschaften oder Lichtspiele aus bunten LEDs stören nicht nur die Fische, sondern auch den an den Fischen interessierten Beobachter. Modelle vom versunkenen Atlantis oder von der gesunkenen Titanic lenken von den eigentlichen Sehenswürdigkeiten im Aquarium, den Fischen und Pflanzen ab. Gegenstände aus Metall oder Plastik oder mit Anstrichen, die für eine Verwendung unter Wasser ungeeignet sind, haben im Aquarium nichts verloren.

Imitationen von Steinen, Wurzeln und Pflanzen aus Kunststoff hingegen stören bei der Beobachtung der Fische nicht, zumal sie alsbald von Biofilmen und Algen überwachsen werden und so ein natürliches Aussehen annehmen.

[70] Aquarium Deko. ZooRoyal Petcare GmbH, https://www.zooroyal.at/aquaristik/aquarium-dekoration/

TIPP: Verwenden Sie nur Dekorationsobjekte, die für Aquarien bestimmt sind. Andere Gegenstände können giftige Substanzen (z. B. Weichmacher, Farbstoffe, Metall-Ionen) ins Wasser abgeben und sind dann nicht für das Aquarium geeignet.

6.1 Bodensubstrat

Fische aus ruhigen oder gar stehenden Gewässern finden in ihren Heimatbiotopen viel Schlamm, Laub und Holz auf dem Gewässerboden. Jahreszeitlich bedingte Hochwässer können immer wieder Lagen aus Kies, Sand oder Schluff ablagern.

Das Bodensubstrat im Aquarium kann nicht mit einer natürlichen Fluss-Sohle verglichen werden. Dennoch erfüllt es neben der ästhetischen Wirkung auf den Betrachter auch praktische Funktionen:

- ☺ Lebensraum für Mikroorganismen und Biofilter
- ☺ Verankerung und Nährstoffdepot für Wurzelpflanzen
- ☺ Nahrungsquelle und Baumaterial für grabende Organismen
- ☺ Sicherheit für schreckhafte Fische und Larven
- ☺ Schutz vor Lichtreflexionen bzw. Spiegelung an der Bodenscheibe

Um diesen Ansprüchen gerecht zu werden, müssen Substrate verschiedene Eigenschaften in bezug auf Korngrößenverteilung, Kornform, Farbe und Zusammensetzung aufweisen. Je höher das Substrat (siehe INFO-Box), desto besser gedeihen Pflanzen und Mikroorganismen, da sich im Porenraum ein vom Wasserraum verschiedenes Milieu entwickeln kann.

INFO: Mindest-Schichthöhe

bis 60 cm Beckenlänge:	4–6 cm
60–100 cm:	8 cm
>100 cm:	10 cm

Die Schüttdichte von Quarzsand beträgt ca. 1,6 kg/l.

Aus Bodenfläche mal Schichthöhe mal Schüttdichte kann das Gewicht für das benötigte Volumen Sand berechnet werden.

6.1.1 Korngrößen

Sedimente werden nach ihren Korngrößen eingeteilt. Dafür gilt folgende standardisierte Klassifizierung[71] nach den Siebkorngrößen:

Ton	Silt (Schluff)	Sand	Kies	Steine
<0,002 mm	0,002–0,063 mm	0,063–2 mm	2–63 mm	63–200 mm

Als ‚Aquariensand' wird bevorzugt Sand mit Korngrößen von 1 bis 3 mm verkauft. Das entspricht eigentlich einem Grobsand-Feinkies-Gemisch. Nicht jede Produktbeschreibung unterscheidet zwischen ‚Sand' und ‚Kies'.

DAUMENREGEL: Einzelkörner kleiner als 0,2 mm (Feinsand, Schluff) sind mit freiem Auge fast nicht mehr erkennbar, aber mit den Fingern noch ertastbar. Tone fühlen sich zwischen den Fingern geschmeidig an wie Puder.

(1) Kies

‚Aquarienkies' umfasst in der Regel Korngrößen zwischen 3 und 5 mm Durchmesser. Die Verwendung von Kies, insbesondere gröber als 5 mm, stammt aus der Zeit, als Bodenfilter modern waren. Nur ein grobkörniges Substrat verfügt über entsprechend große Porenräume, welche die für die Filterung erforderliche Durchlässigkeit ermöglichen. Eine aktive Durchströmung im Boden wirkt sich allerdings ungünstig auf die Pflanzen aus, da sie zuviel Sauerstoff in den Boden einträgt, freigesetzte Nährstoffe auswäscht und feinere Poren rasch verstopft. Daher werden Bodenfilter nur noch selten (am ehesten in reinen Fischaquarien) eingesetzt.

Ohne Bodenfilter können sich Mulm, Detritus und auch Futter in den großen Porenräumen eines kiesigen Substrats einlagern.

---

[71] ISO 14688-1:2017 Geotechnical investigation and testing – Identification and classification of soil. Part 1: Identification and description.

M&M: Ein grobes Substrat ist besser als ein feines.

Je gröber das Substrat, desto stärker darf die Strömung sein, um Mulm und Detritus in den Filter zu saugen. Eine starke Filterpumpe würde auch feinkörnigere Substrate ansaugen, so die Befürchtung:

„Always use gravel in your aquarium instead of sand. Sand can cause problems with the impeller, because it gets between the magnetic impeller assembly and the energizer, preventing it from turning.“ [72]

Selbst mit starker Strömung im Wasser kann man nicht verhindern, dass Abfälle in grobkörniges Substrat eindringen und dort vergammeln. Giftige Abbauprodukte oder auch Nährstoffe finden ihren Weg zurück in das offene Wasser, da das Porenwasser in unmittelbarem Austausch mit dem Wasserkörper darüber steht. Schneckenplagen, Algen und sogar tote Fische können die Folge sein.

Die Filterpumpe soll auch nicht wie ein Staubsauger wirken, der alles bis Sandkorngröße einsaugt. Verwendet man ausschließlich Kies (>3 mm), so ist vielmehr regelmäßiges Reinigen mit dem Mulmsauger angeraten. Dieser verhindert jedoch, dass sich Pflanzen einwurzeln können. Daher sieht man in Aquarien mit Kiessubstrat häufiger künstliche Pflanzen oder Pflanzen in Blumentöpfen.

(2) Schluff und Ton

Ein höherer Schluffanteil verringert die Qualität des Substrats ebenfalls, weshalb in solchen Fällen Ausspülen empfohlen wird.

M&M: Bodensubstrat vor der Anwendung ausspülen!

Das Bodensubstrat muss vor dem Einbringen ins Aquarium gewaschen werden, um transportbedingten Abrieb zu entfernen.

---

[72] Aquarium filtration information: The total picture. Tetra (USA), https://www.tetra-fish.com/learning-center/getting-started/aquarium-filtration.aspx

Der Abrieb übt auf die Durchlässigkeit keinen nennenswerten Einfluss aus. Die Staubfraktion im Sand kann jedoch in den ersten Tagen stören, wenn sie das Wasser milchig trübt. Diese Schwebstoffe setzen sich nur langsam ab und werden bei jedem Hantieren im Becken wieder aufgewirbelt. Daher kann es sinnvoll sein, zumindest den Sand für die oberste Schicht, die den Untergrund abdecken soll, zu waschen.

Hoher Feinanteil bis hin zu Feinsandkorngröße schränkt die Durchlässigkeit stark ein und verhindert damit die Zufuhr von gelösten Nährstoffen und Sauerstoff zu den Wurzeln. Aus diesem Grund ist von der Verwendung von Korngrößen unter 0,5 mm (z. B. Filtersand) abzuraten.

> EXPERTE[73]: „Man darf bei dem Bodengrund eine bestimmte Korngröße nicht unterschreiten. Extreme Feinanteile werden so gering wie möglich gehalten oder ganz vermieden. Günstig ist eine Körnung von 1–3 mm."

Während der Abrieb von Quarzsand oder Kies nur aus Quarzstaub bestehen kann, dominieren in der ‚Tonfraktion' natürlicher Sedimente Tonmineralien. Sie spielen in Böden und Schlämmen die zentrale Rolle in der Nähr- oder Schadstoffspeicherung. Um sie für bepflanzte Aquarien nutzbar zu machen, werden sie entweder unter dem Sand als Langzeitdünger eingebaut oder zu Blähton gebrannt oder zu ‚Soil' gebacken.

(a) Blähton wird unter anderem im Gartenbau zur Bodenlockerung oder als Substrat für Hydrokulturen anstelle von Sand oder Kies verwendet.

M&M: Blähton eignet sich als „Naturbodengrund für Süßwasseraquarien".

Obwohl Ton seine mineralogischen Eigenschaften wie Ionenaustauschkapazität durch Brennen zu Blähton verliert, wird weiterhin seine natürliche „poröse Struktur und Nährstoffspeicherfunktion" beworben.

Beispiel: ***„Manado"*** (von *JBL*)
Dabei handelt es sich laut Produktinformationsblatt um ein „Kultursubstrat unter Verwendung von 100 % Blähton" [74].

---

[73] Paffrath, Kurt (1979): Bestimmung und Pflege von Aquarienpflanzen. Landbuch-Verlag, Hannover, 2. Auflage, Seite 120.

Der Kern von Blähton ist geschlossenporig (also wasserundurchlässig) und somit für Bakterien nur an Bruchstellen zugänglich. Blähton nimmt weder Nährstoffe auf noch gibt er welche ab. Er kann jedoch geringe Anteile an Kalk enthalten, die den pH-Wert erhöhen können. Damit bringt er im Aquarium keine Vorteile gegenüber dem billigeren Sand oder Kies.

(b) Soils bestehen, wie der Name zutreffend besagt, aus Erde, genau genommen aus (vulkanischer) Tonerde. Um sie dekorativ erscheinen zu lassen, wird sie pelletiert und zu Körnern gebacken. Die Tonmineralien werden in diesem Verfahren nicht ‚totgebrannt'. Daher haben die Körner weder die rote Farbe der Ziegel noch die Formstabilität des Blähtons. Anders als im Blähton bleiben die adsorptiven Eigenschaften erhalten. Daher können sie mit Dünger ‚beladen' werden.

Soils wurden für das Aquascaping entwickelt, wo man zum Teil sehr kleine und/oder sehr anspruchsvolle Pflanzen (z. B. Bodendecker) verwendet, die in Sand verkümmern würden, bevor sie Wurzeln bilden. Der hohe Nährstoffgehalt ergänzt CO_2-Düngung und starke Beleuchtung, wo intensiver Pflanzenwuchs stimuliert werden soll. Soils können das Wasser mit Ammonium überdüngen. Als Ionentauscher können sie dem Wasser Ca und Mg entziehen und zur Enthärtung beitragen. Wurden sie mit Humus beladen, geben sie Huminsäuren ab, die das Wasser ansäuern und gelb färben. Häufige und großzügige Wasserwechsel, sowie zusätzliche Filterung über Aktivkohle sind unentbehrlich. Nach einem Jahr müssen sie ausgetauscht werden. Denn dann sind nicht nur ihre Düngerreserven erschöpft. Dann zerfallen sie auch zu Schlamm. Doch Aquascapes sind ohnehin nicht auf Dauer angelegt.

> EXPERTE[75]: „Typically most commercial soils will begin to break down after a few months, turning to more of a powdery, muddy substance. Eventually after 12–18 months most of the soil may have turned into a mud. [...] the nutrient-rich clouds of mud can result in algae if left unchecked."

---

[74] JBL Manado. Produktinformationen, JBL GmbH & Co. KG (Deutschland), https://www.jbl.de/?mod=productpdf&id=3398

[75] Farmer, George (2016): TOP 10 scaping FAQs answered. Practikal Fishkeeping, 2016/13, S 57.

Um dem Soil mehr Stabilität und Durchlässigkeit zu verleihen, kann er mit farblich ähnlichem Blähton oder Lavagranulat (Lava-Splitt) kombiniert werden.

TIPP: Für normal eingerichtete Gesellschaftsaquarien mit gewöhnlichen Pflanzen kann Soil nicht empfohlen werden. Ohne entsprechende Beleuchtung und CO_2-Düngung sind die enthaltenen Nährstoffe überflüssig. Ohne umfassende Pflegemaßnahmen wird das Aquarium in Algenproblemen enden.

(3) Sand

Für bepflanzte Aquarien hat sich Grobsand (0,63–2 mm) am besten bewährt, da er einerseits gelöste Nährstoffe gut hindurch diffundieren lässt, andererseits jedoch Futterreste und Mulm an der Oberfläche zurückhält. Auch mit ‚Aquariensand' mit einem Korngrößengemisch von 1–3 mm Korndurchmesser erzielt man einen guten Kompromiss zwischen Porosität und Permeabilität. Die Poren bieten eine große innere Oberfläche für Biofilme. Zugleich sind sie fein genug, um die Wasserzirkulation auf Kapillareffekte und Diffusion einzuschränken. Dadurch können sich unterhalb der obersten Millimeter sauerstoffärmere, häufig auch saurere Zonen entwickeln, die den Pflanzenwurzeln ideale Bedingungen bieten.

Steriler Sand muss zuerst von Mikroorganismen besiedelt werden, bevor Pflanzen darin gedeihen können. In Deep Sand Beds kann dieser Reifungsprozess bis zu einem Jahr in Anspruch nehmen. Alternativ kann unter dem Sand eine nahrhafte Lage aus Langzeitdünger eingebaut werden, welche die Pflanzen und Bakterien mit CO_2 und anderen Nährstoffen versorgt (siehe Kap. 4.2).

Die Beimischung von feineren Korngrößen führt zu stärkerer Verdichtung, da sich die kleineren Körner in den Porenräumen der größeren ansammeln und diese verstopfen. Daher eignet sich **Spielsand** nicht als Bodengrund im Aquarium. Im Spielsand ist ein hoher Feinanteil wichtig, damit auch Sandburgen modelliert werden können. Überdies kann Spielsand mit Aromaölen gegen Hund und Katze behandelt sein.

Für Hightech-Aquarien und Aquascaping werden statt Sand farblich attraktivere und ungleich teurere Substrate empfohlen.

M&M: Für das moderne Aquarium gibt es bessere Alternativen als Sand.

Neben Soils werden weitere nahrhafte Granulate als Bodensubstrat angeboten:

Beispiel: ***„JBL Proscape Volcano Mineral"***

„Vulkanischer Natur-Bodengrund für Aquascaping" [76] [Nicht zu verwechseln mit dem ähnlich klingenden Gesteinsmehl *„Proscape Volcano Powder"* dieser Produktfamilie!]

Beispiel: ***„Flourite Black Sand"*** *(Seachem)*

„ist ein speziell gebrochener, formstabiler Bodengrund aus natürlichem Ton" [77]

Solche Granulate entsprechen in ihrer Korngröße Sand oder Kies, haben jedoch gegenüber Fluss-Sand keine Vorteile, außer dass sie in verschiedenen Farbtönen erhältlich sind. Ihre Einzelkörner sind zwar auch in sich porös, aber die Durchlässigkeit (Permeabilität) verbessert sich dadurch nicht. Auch ein möglicher Düngereffekt verliert bereits nach wenigen Monaten im Aquarium seine Wirkung.

TIPP: Je feiner das Substrat, desto schwächer wird es durchströmt und umso weniger Austausch erfolgt zwischen Porenwasser und freiem Wasser. Das kann dort von Bedeutung sein, wo sich die Parameter des freien Wassers von jenen des Porenwassers stärker unterscheiden (z. B. pH-Wert und Redox-Spannung, Nährstoffgehalt).

6.1.2 Kornform

Neben den Korngrößen und ihrer Mischung (Sortierung) beeinflusst auch die Kornform die Porosität und Permeabilität des Sediments. So weisen Tone und Schluffe mit ihren feinen, plättchenförmigen Mineralen sehr hohe Porosität auf (sie können viel Wasser zwischen den Tonmineralen speichern), aber sehr schlechte Durchlässigkeit. Fluss-Sand ist in der Regel gut gerundet, da die Körner von der Strö-

[76] JBL Proscape Volcano Mineral. JBL GmbH & Co. KG (Deutschland), https://www.jbl.de/de/produkte/detail/6473/jbl-proscape-volcano-mineral

[77] Seachem Flourite Black Sand. Aquasabi GmbH & Co. KG (Deutschland), https://www.aquasabi.de/Seachem-Flourite-Black-Sand

mung über weite Strecken gerollt wurden. Kugelige Körner verzahnen und verdichten kaum. Ihre offenen Poren ermöglichen eine gute Durchlässigkeit.

Scharfer Sand (Brechsand, Grubensand, Fugensand) wird hingegen künstlich hergestellt, indem Gestein zerkleinert wird. Dabei entstehen scharfkantige Körner (im Gegensatz zu rundkörnigem Sand). Ihre künstlichen Korngrößen reichen von Staub bis in den Kiesbereich. Unerwünschte Fein- oder Grobanteile müssen ausgewaschen oder ausgesiebt werden.

M&M: Scharfer oder runder Sand? – „Die Bodengrund-Frage"

„Die Aquariumpflanzen benötigen absolut keine Ernährung vom Boden aus. [...] Viel wichtiger ist die Struktur des Bodens, die so gewählt werden muss, dass eine Zirkulation des Wassers über Jahrzehnte hinaus ohne künstliche Nachhilfe (die immer schädlich ist) gewährleistet ist." [78]

„Unter günstigen Umständen kann ein Aquarium mit rundkörnigem Sand sich ebenso gut entfalten wie das hier empfohlene mit scharfkantigem Sande. Allein weil die Bodenströmung hier [im scharfen Sand] grösser ist, ist auch die Wahrscheinlichkeit grösser, dass das Aquarium für lange Zeit sich schön entfaltet. Diese Feststellung ist keine Folge der Logik, sondern einer grossen und reichhaltigen Erfahrung." [79]

Beispiel: ***„Flourite"*** (von *Seachem*)
„*Flourite*® ist ein zerkleinerter und poröser Tonkies für bepflanzte Aquarien." [80]
Dieses Substrat zerbröselt nicht wie Aquarien-Soil und muss daher nie ausgetauscht werden. Es ist chemisch unbehandelt, pH-neutral und formstabil.

---

[78] Schneider, Peter (2010): Über die Ernährung von Wasserpflanzen. Online Aquarium-Magazin OAM, Juli 2010, Seite 14. http://www.oammagazin.de/index.php/oam-ausgaben/summary/7-oam-jahrgang-2010/59-oam-2010-7

[79] vgl. Schneider, Peter (1972): Leseprobe von: Liebe und Verständnis für das Aquarium. Kapitel: Die Bodengrund-Frage. http://www.a-perleverlag.ch/buch/liebeundverstaendnis.html

[80] Seachem Flourite. Bodengrund aus natürlichem Ton. Onlineshop Olibetta der Niceshops-Gruppe, https://www.olibetta.at/seachem/flourite

Folgt man doch der Logik (oder noch besser den Erkenntnissen der Hydrologie) statt den Anekdoten von Peter Schneider, so erweist sich rundkörniger Sand (bei gleicher Korngröße) mit den günstigeren Eigenschaften. Denn runde und glatte Sandkörner bilden gleichmäßigere und größere Poren und begünstigen die Wasserdurchlässigkeit, wohingegen eckige und raue Körner mehr Kontaktpunkte untereinander bilden, was zu einer geringeren Porosität und Permeabilität führt.

BEISPIEL: Zum besseren Verständnis vergleiche man den Zwischenraum in einer Kiste mit Bällen mit jenem in einer Kiste voller Bücher.

Bei gebrochenem Kies sprechen wir von Splitt, während verrundeter Kies als Schotter bezeichnet wird. Im (Baustoff-)Handel und Volksmund sind weitere Begriffe und Einteilungen üblich, die nicht immer den aktuellen Definitionen in den Normen entsprechen. Bunte ‚Dekorkiese' bestehen zumeist aus Splitt. Um einen solchen handelt es sich auch bei *„Flourite"* der Firma *Seachem*.

Das Substrat *„Flourite"* (*Seachem*) besteht aus auf Kiesgröße (4–8 mm) gebrochenem Tonstein (oder Schieferton), also schwarzem Splitt. Seine Durchlässigkeit ergibt sich auch hier aus den Porenräumen zwischen den Bruchstücken, nicht aus der Porosität des Tonsteins. Daher gelten dieselben Einschränkungen wie für Splitt und scharfe Sande.

6.1.3 Farbe

Oft wird dunkler Bodengrund empfohlen. Damit ist nicht unbedingt schwarzer Basaltsand, *„Flourite"* oder Soil gemeint, sondern KEIN reinweißer Quarzsand, wie er in Sandfiltern für Swimmingpools verwendet wird.

M&M: Fische fühlen sich über dunklem Bodengrund wohler.

(1) Dunkler Bodengrund bringt die Farbe der Fische besser zum Leuchten.

(2) Farbkies: Lackierte oder beschichtete bunte Kiesel bringen Farbe ins Becken.

(1) Natürliche klastische Sedimente bestehen aus den mechanischen Verwitterungsprodukten der Gesteine. Das sind vorwiegend Mineralkörner von Quarz, Feldspat und Glimmer sowie Tonmineralien (als Trübe in Weißwasser) und unterschied-

liche Anteile an Calcit und Dolomit – je nach Gesteinen im Einzugsgebiet, also vorwiegend weiße oder helle Mineralien.

Da Quarz zu den verwitterungsbeständigsten Hauptbestandteilen von kristallinen Gesteinen zählt, reichert er sich in vielen Sanden an und verleiht ihnen die helle Farbe. Beimengungen dunkler Mineralien ergeben Sand in verschiedenen Farbtönen.

Während man in saurem und weichem Wasser auf carbonathaltige Substrate verzichten sollte, eignen sich Muschel- oder Korallensand bestens für Meerwasser- oder Ostafrika-Becken.

Schwarzen Sand findet man in der Natur selten, am ehesten an den Stränden von Vulkaninseln. In vielen Heimatgewässern unserer Aquarienfische ist der Boden von hellem Sand, dieser jedoch von Laub oder Schlamm bedeckt. Die Farbe hat somit kaum Einfluss auf das Wohlbefinden der Fische, eher schon die Helligkeit im Wasser.

TIPP: Wirkt der Bodengrund zu hell, kann man ihn mit Steinen, sowie mit Herbstlaub und anderen ‚Botanicals' bedecken.

(2) Die Farbe ist nicht nur Geschmacksache. Am natürlichsten wirkt Fluss-Sand. Er bietet eine bessere Tarnung für Kleinlebewesen und Jungfische und kommt auch dem Bedürfnis vieler Fische nach Graben oder Durchkauen des Substrats entgegen. Er setzt sich überwiegend aus verrundeten Quarzkörnern zusammen und lässt sich kaum verdichten. Quarz verhält sich chemisch inert, d.h. er beeinflusst die Wasserparameter nicht.

Künstliche Substrate dürfen keine giftigen Substanzen (z. B. Weichmacher) freisetzen. Doch dies gilt für alle Dekorationsgegenstände im Aquarium.

TIPP: Als ‚Aquariensand' eignet sich am besten Quarzsand, der sich durch die Attribute rundkörnig, gleichkörnig und grobkörnig (0,5–2 mm oder 1–3 mm) auszeichnet. Daraus ergibt sich ein gutes Verhältnis aus Porosität und Permeabilität. Die kleinen Poren verhindern Strömung im Substrat, lassen aber Nährstoffe und Sauerstoff diffundieren. Wurzeln können leicht eindringen und sich darin verankern. Futterreste und abgestorbene Pflanzenteile bleiben jedoch an der Oberfläche liegen und können einfach abgesaugt werden.

6.2 Steine

‚Steine' sind Gesteinsbruchstücke mit einem Durchmesser zwischen 63 und 200 mm (nach der Norm *ISO 14688-1*[81]). Objekte dieser Größenordnung eignen sich besonders für Dekorationszwecke im Aquarium. Dabei bleibt es dem persönlichen Geschmack überlassen, ob man Steine mit bizarren Oberflächen (z. B. Drachenstein), mit schönen Farben oder Texturen (z. B. Zebrastein) oder einfache, verrundete Flusskiesel bevorzugt. Frisch aus dem Fels gebrochene Steine sehen im Aquarium nicht besonders natürlich aus. Sie können überdies wasserlösliche (noch nicht verwitterte) Minerale enthalten.

Takashi Amano hat Steine zu Design-Objekten gemacht. Dabei legte er besonderen Wert auf interessante Oberflächenstrukturen, die sich für Gebirgslandschaften im Aquarium eignen. In seinen Aquascapes ließ er sich auch von der japanischen Gartenkunst inspirieren, was vielleicht die Bezeichnungen mancher dieser Steine erklärt.

M&M: Aquascaping Rocks eignen sich besonders gut für Aquarien.

Originäre Aquascapes werden mit sogenannten ‚Aquascaping Rocks'[82] gebaut, die im Aquaristikfachhandel und im Internet zum Kilopreis von 5 Euro und mehr erhältlich sind. Im Vergleich dazu kostet Basalt im Baustoffhandel etwa 200 Euro pro Tonne.

Die Steine mit den japanischen Namen[83] werden nicht mehr ausschließlich aus Japan von *Aqua Design Amano (ADA)* geliefert. Die genauen Fundorte und damit ihr geologischer Hintergrund werden jedoch in der Regel geheim gehalten. Das macht sie noch exklusiver.

(1) Basalt und andere Vulkangesteine werden unter anderem unter folgenden Bezeichnungen angeboten:

[81] ISO 14688-1:2017 Geotechnical investigation and testing – Identification and classification of soil. Part 1: Identification and description.

[82] AquascapingLove (2019): Aquascaping Rocks: Planted Aquarium Hardscape Essentials Part 2. http://aquascapinglove.com/basics/planted-aquarium-hardscape-essentials-part-2-rocks/

[83] Layout Materials – Stones. Aqua Design Amano Co. Ltd. (ADA) (Japan), https://www.adana.co.jp/en/contents/products/materials/detail01.html

(a) von *ADA*: Unzan, Kei, Yamaya, Manten, Koke, Sansui, Yougan;

(b) Namen wie Loa Rock, Galapagos Rock oder Fuji Stone beziehen sich nicht auf die tatsächliche Herkunft der Steine.

Leopardenstein wird als Rhyolith (ein quarzreicher Vulkanit) verkauft. In unserer Analyse hat er sich jedoch eindeutig als Carbonatgestein erwiesen.

(2) Kalkstein und Dolomit werden unter anderem unter folgenden Bezeichnungen angeboten:

(a) von *ADA*: Mini-Landschaft, Seiryu, Blue Dragon, Ryuoh, Lichen, Ying;

(b) von anderen Anbietern: Lochgestein, Leopardenstein, Zebrastein, Eisstein/ Eisberg/Iceberg-Rock, Seegebirge oder Elephant Skin Rock, Frodo Stone, Pagodenstein oder Pagoden-Achat (Tangerine Layer Stone bei *ADA*) oder Canyon Rock.

(3) Deko-Steine umfassen metamorphe und metasomatisch veränderte Gesteine. Sie tragen Namen wie Glimmer-Wood-Rock, versteinertes Holz, versteinertes Laub, Samurai-Stein oder Drachenstein (Ohko Stone bei *ADA*).

Neue Handelsbezeichnungen werden laufend erfunden (z. B. Jagure, Gatto, Bling, Hakkai), um die ‚Aquarienkünstler' rund um das Aquascaping zufriedenzustellen.

Steine stammen von Gesteinen. Doch nur wenige Aquarianer wissen, aus welchen Gesteinen die Steine in ihrem Aquarium bestehen. Die Gesteinskunde (eine Teildisziplin der Geologie) unterscheidet Gesteine

- nach ihrer Entstehung und Struktur (Magmatite wie Vulkanite; Metamorphite oder Metasomatite; Sedimentgesteine),
- nach ihrer mineralogischen Zusammensetzung (z. B. Basalt, Kalkstein, Glimmerschiefer) oder
- nach der geochemischen Beschaffenheit (z. B. Silikat- oder Carbonatgesteine).

TIPP: Für eine einfache Dekoration sollten Steine gezielt, aber sparsam eingesetzt werden. Eine Gebirgslandschaft im Aquarium nimmt viel Volumen in Anspruch und somit den Fischen Schwimmraum weg. Sie kann auch ein hohes Gewicht erreichen.

(1) Basalt

Basalt ist ein dunkles, vulkanisches, durch Blasenhohlräume mehr oder weniger poröses, aber schweres Gestein. Er besteht hauptsächlich aus feinkörnigen Silikatmineralen wie Olivin, Pyroxen und Feldspat. Die dunklen Minerale verwittern leicht zu Tonmineralen, Zeolithen und Eisenoxiden. Auf diese Weise kann eine rötlich-braune Kruste an der Oberfläche entstehen. Basalt bildet das häufigste Gestein in Ozeanböden.

(2) Kalkstein

Kalkstein ist zugleich ein Carbonatgestein und ein Sedimentgestein. Denn er besteht hauptsächlich aus dem Carbonatmineral Calcit (Kalkspat), das in der Regel in einem Meeresbecken abgelagert wurde. Durch mineralische oder organische Beimengungen kann Kalkstein in vielen Farbtönen bis fast schwarz gefärbt sein. Calcit kann auch selbst als Beimengung oder Bindemittel in Sedimenten und Sedimentgesteinen oder als Ausfällung in Klüften, Höhlen oder Thermalquellen auftreten. Auch Marmor (metamorpher Kalkstein) und Dolomit zählen zu den Carbonatgesteinen. Carbonatgesteine verwittern in saurem Regen leicht und bilden daher interessante Oberflächen.

INFO: Kalk

chemischer Name:	Calciumcarbonat
chemische Formel:	$(Ca{\pm}Mg)CO_3$
Mineralnamen:	Calcit/Kalkspat, Aragonit
Gesteinsnamen:	Kalk, Kalkstein, Kreide, Kalksinter, Marmor
technischer Name:	Kesselstein

M&M: Kalksteine dürfen nicht im Aquarium verwendet werden.

Vorsicht vor Kalksteinen im Aquarium! Denn sie lösen sich im Aquarienwasser auf und erhöhen dessen Härte und pH-Wert.

Um Kalk in Wasser aufzulösen, braucht es im Wasser gelöste Säure-Ionen (H_3O^+), die mit dem Kalk unter Bildung von HCO_3^- reagieren (siehe Band 3).

BEISPIEL: **Kalklöslichkeit in reinem Wasser**

Reines Osmosewasser (bei pH 7 und 20° C) löst unter Luftabschluss (ohne CO_2) nur 14 mg reinen Kalkstein pro Liter Wasser, ehe Kalksättigung eintritt. Bei Kontakt mit der Luft sinkt jedoch der pH-Wert durch CO_2 aus der Luft bzw. die sich bildende Kohlensäure auf unter 6. Die gebildete Säure verdoppelt die Löslichkeit von Kalk auf 28 mg/l. Diese Menge bewirkt einen Härteanstieg um ca. 1,5 °dH. Dabei steigt auch der pH-Wert wieder auf etwa 7 an.[84]

In gewöhnlichem Leitungswasser mit neutralem bis schwach alkalischem pH-Wert kann die Calcitlöslichkeit praktisch vernachlässigt werden. Man bräuchte eine große Menge an Kalksteinen, um damit die Härte merklich zu beeinflussen, da die Auflösung zudem nur sehr langsam abläuft.

Kalk- oder Muschelsand härtet aufgrund der viel größeren Oberfläche eher auf als ein paar dekorative Kalksteinblöcke, obwohl sie aus dem gleichen Material bestehen.

Nur wenn CO_2 in Wasser eingeleitet wird und überschüssige Kohlensäure bildet, kann sich mehr Kalk lösen. (Schwach gepuffertes Weichwasser oder Osmosewasser lässt sich leichter ansäuern und kann folglich entsprechend mehr Kalk auflösen.)

Meerwasser oder Cichlidenwasser (mit pH >8) löst Kalkstein praktisch überhaupt nicht auf.

TIPP: Eine Aufhärtung durch Kalksteine kann mit regelmäßigem Wasserwechsel unter Kontrolle gehalten werden. Nur in extrem weichen UND sauren Wässern sollte man auf Kalksteine verzichten – schon deshalb, weil sie nicht zu Biotopen dieser Wässer passen.

(3) Deko-Steine

Geschieferte Gesteine gehören zur Gruppe der Metamorphite. Ihre Schieferung erhalten sie durch die plättchenförmigen Glimmer, die sich in der Metamorphose gebildet haben. Auch der **Glimmer-Wood-Rock** zählt zu dieser Gruppe. Im Gegensatz dazu

---

[84] Umrechnungsfaktor: 1 °dH = 17,86 mg/l $CaCO_3$-Äquivalente

erhalten Sedimentgesteine ihre Schichtung bereits bei der Ablagerung. Als Beispiel für feingeschichtetes Sedimentgestein sei der **Pagodenstein** genannt.

In der Metasomatose ersetzen stark mineralisierte Tiefenwässer ursprüngliche Minerale durch neue (daher auch als hydrothermale Metamorphose bezeichnet). Dabei können alte Strukturen bewahrt bleiben, wie dies am **Drachenstein** oder an Fossilien zu beobachten ist.

BEISPIEL: **Drachenstein („Ohko Stone")**

Die Hohlräume im Drachenstein erinnern an Blasen in einem zähflüssigen, erstarrenden Lavastrom. Drachenstein wird fälschlicherweise als Tongestein bezeichnet, obwohl nur seine Hohlräume nachträglich mit Ton oder Lehm gefüllt wurden. Diese sollten vor Verwendung ausgespült werden. Die Hohlräume sprechen eindeutig gegen ein Tongestein. Auch ist der Quarzgehalt für ein Tongestein zu hoch. Im Zuge von Metasomatose dürfte das ursprüngliche Lavagestein mit Quarz, Glimmer und Chlorit ersetzt worden sein. Dabei blieb die ehemalige Blasenstruktur erhalten. Seine Fundstellen (in Japan) werden geheim gehalten, sodass hier keine gesicherten Aussagen über seine Entstehungsgeschichte getroffen werden können.

Im Handel als **‚versteinertes Holz'** (Steinholz) oder ‚versteinertes Laub' bezeichnete Deko-Steine haben mit fossilem Holz oder Laub nichts zu tun. Konzentrische Anwachssäume aus Quarz werden als Baumringe fehlinterpretiert. Die rötliche Färbung sieht vielleicht wie Holz aus, wird jedoch von akzessorischen Eisenoxiden hervorgerufen. Diese Steine haben, ähnlich wie **Samurai-Stein**, einen hydrothermalen Ursprung.

Besonders große Quarz- und Feldspatkristalle, aber auch zahlreiche Edel- und Halbedelsteine oder Erze haben sich über Millionen von Jahren in Felsklüften aus hydrothermalen Wässern gebildet. Schmuck- und Edelsteine minderer Qualität, häufig Varietäten von Quarz, werden als **‚Wassersteine'** (auch ‚Heilsteine') gehandelt. Sie werden gelegentlich auch als Aquariendekoration angeboten.

M&M: ‚Wassersteine' eignen sich perfekt als Aquariensteine.

‚Wassersteine' werden in der Esoterik zur ‚Wasserbelebung' verwendet. Die Energie aus ihren Kristallgittern soll Trinkwasser energetisieren. Dabei wird die Energie als Information auf die Wassermoleküle und von dort auf den (ätherischen) Körper übertragen. Klingt absurd? Ist es auch!

‚Wassersteine' gibt es als bunte Kristalle mit klingenden Namen wie Amethyst, Bergkristall, Rosenquarz, Rauchquarz, Citrin, Aventurin, aber auch als mikrokristalline Varietäten mit polierter Oberfläche wie Chalzedon, Achat oder Jaspis. Auch Sodalith (blauer Schmuckstein), Jade (grüner Schmuckstein) und Hämatit (metallisch-grauer Schmuckstein aus Eisenoxid) finden sich im Angebot.

Sogenannte ‚Wassersteine' haben nachweislich keine Wirkung weder auf das Wasser noch auf die Fische, auch keine negativen Effekte. Viele von ihnen bestehen mineralogisch aus Quarz, der durch Spuren anderer Minerale verschieden gefärbt sein kann. Ob als Bergkristall, Flusskiesel, Quarzsand oder auch als ‚versteinertes Holz', Quarz ist chemisch inert und somit wasserunlöslich (in Leitungswasser). Selbst Schmucksteine aus Erz, die Schwermetalle enthalten, setzen diese unter den üblichen Aquarienbedingungen (aus Temperatur, Redox-Spannung, pH-Wert, Wasserwechsel) nicht in toxischen Mengen frei.

TIPP: Alle Objekte aus der Natur wie Steine, aber auch Altholz sollten vor ihrer Verwendung im Aquarium ausgiebig gewässert und auf ihre Aquarientauglichkeit geprüft werden. Auch ‚Heilsteine' müssen vor der ersten Anwendung gründlich gereinigt werden. Sie könnten zwecks Farbintensivierung gewachst oder geölt worden sein. Wer sicher gehen will, meidet auffallend bunte und/oder schwere Steine.

Einige der im Zoofachhandel erhältlichen Steine wurden in einem Universitätslabor[85] mittels Röntgendiffraktometrie mineralogisch analysiert. Dabei wurden folgende Gesteine und Mineralzusammensetzungen ermittelt (siehe Tabelle 2):

---

85 Institut für Angewandte Geologie, Universität für Bodenkultur Wien

Tabelle 2: Wissenschaftliche Gesteinsnamen von Aquascaping Rocks und ihre mineralogische Zusammensetzung

Handelsbezeichnung	Gesteinsname	Mineralbestand
Eisberg: Eisstein, Iceberg-Rock	Kalkstein oder Marmor	Calcit 99,8 % Quarz in Spuren
Mini-Landschaft: Seiryu, Ryuoh, Blue Dragon Stone, Yin Stone/Ying Stone	Kalkstein	Calcit 90 % Quarz 7 % Chlorit 3 % Muskovit und Albit in Spuren
Zebrastein	Kalkstein	Calcit 84 % Dolomit 14 % Quarz 2 % Muskovit und Pyrit in Spuren
Leopardenstein	Kalkstein	Calcit 70 % Dolomit 30 %
Seegebirge: Elephant Skin Rock	Dolomit	Dolomit 87 % Calcit 13 %
Pagodenstein: Pagoden-Achat, helle/dunkle Pagode, Canyon Rock	Sandstein: feine Lagen mit wechselndem Anteil an Quarz und Dolomit	Quarz 88 % Dolomit 12 %
Glimmer (Wood) Rock	Paragneis	Quarz 37 % Feldspat: 50 % Glimmer: 13 %
Samurai-Stein	Ganggestein	Quarz 99,9 % Eisenoxide in Spuren
buntes versteinertes Holz	Ganggestein	Quarz 99,8 % Eisenoxide in Spuren
Drachenstein: Ohko Stone, Dragon Stone	Metasomatit nach Lava	Muskovit 48 % Quarz 42 % Chlorit 10 %

6.3 Holz

Holz ist die ideale Dekoration für Schwarzwasserbecken bzw. Wald- oder Sumpfbiotope. Es kann weiters bedenkenlos in Becken verwendet werden, in denen starke Strömung und somit ein hohes Sauerstoffangebot herrscht, oder wenn häufig Wasser gewechselt wird (z. B. im Aquascaping).

Für Dekorationszwecke werden Hölzer angeboten, die entweder auf natürliche Weise konserviert wurden (wie z. B. Moorkienholz oder Mangrovenwurzeln) oder besonders widerstandsfähig gegen Mikroorganismen sind (wie z. B. Kernholz und Hartholz) oder den Großteil ihrer ‚grünen' Komponenten bereits abgebaut haben (wie z. B. Treibholz/Driftwood). Kernholz enthält von Natur aus mehr Konservierungsstoffe (und weniger Harz) als Splintholz und ist daher widerstandsfähiger.

Holz wird wie jedes tote organische Material im Süßwasseraquarium bereits nach kurzer Zeit von Mikroorganismen besiedelt und abgebaut und sogar von manchen Welsarten (z. B. Antennen-Harnischwelse/*Ancistrus*) gefressen. Am schnellsten werden die äußeren Schichten wie Borke und Bast abgebaut. Sie sollten daher noch vor der Verwendung im Aquarium entfernt werden.

Schließlich eignet sich Hartholz besser als Weichholz. Seine dichtere Struktur macht es zudem schwerer. Es sinkt daher eher ab. Hartholz stammt von Laubbäumen. Als besonders aquariengeeignet haben sich Walnuss, Buche oder Eiche, aber auch Tropenhölzer erwiesen. Im Gegensatz dazu bilden Nadelbäume, aber auch Pappel und Linde weniger geeignetes Weichholz.

Im Fachhandel dominiert ‚Driftwood' die Produktpalette für Holzdekoration.

M&M: Driftwood ist das Holz für Aquascaping.

Mit ‚Driftwood' wird in der Aquaristik jedes Holz bezeichnet, das sich für Dekorationszwecke eignet.

„Driftwood is just any wooden branch that happens to be taken away from its tree by the forces of nature." [86]

[86] Hussain, Dilber (2024): Where to Find Natural Driftwood for Your Aquarium? https://aquanswers.com/where-to-find-driftwood-aquarium/

Manche Anbieter verwenden die Bezeichnung spezifischer, z. B. nur für Mangrovenholz.

Zugleich gibt es für das Aquascaping Hölzer in einer unüberschaubaren Vielfalt und unter klingenden Produktbezeichnungen wie zum Beispiel:

- Spider Wood, Tiger Wood, Dragon Wood, Corcovado Wood, Bonsai Driftwood
- Malaysian/Sumatran Driftwood, Blackwood, Gondwana Wood, Saba Wood, Mangrove Wood, Jungle Wood, Eisenholz
- Mopani/African Driftwood
- Manzanita Wood Branch

Diese Bezeichnungen sind nicht genormt und können leicht durcheinander geraten (z. B. in Übersetzungen).

All diese Hölzer sollten nur noch aus den widerstandsfähigsten Teilen von Holzpflanzen bestehen. Darüber hinaus haben sie mit echtem Treibholz meist nichts gemein.

EXPERTE[87]: Nach ihrem Ursprung lassen sich die unterschiedlichen Hölzer in folgende Gruppen einteilen:

Sumpfholz (Bog Wood)

Moorkienholz aus Torfmooren und Mangrovenholz aus Mangrovensümpfen stellen Wurzelstöcke oder Stümpfe abgestorbener Bäume und Büsche dar (oder Teile davon). In Torfmooren (mit niedrigem pH-Wert durch hohen Gehalt an Humin- und Gerbsäuren) und im Meer- oder Brackwasser (mit hohem Salzgehalt) findet praktisch keine Zersetzung durch Mikroorganismen statt. Denn sowohl Salz als auch Huminstoffe wirken als Konservierungsmittel und gegen Mikroorganismen. Auch tiefe Flüsse und Seen mit kaltem, sauerstoffarmem Wasser können günstige Erhaltungsbedingungen für Holz bieten.

---

[87] vgl. BYA (2020): Aquarium Driftwood: Best Types & How to Use Them in Your Tank. Square Brackets SRL, Rumänien, https://www.buildyouraquarium.com/aquarium-driftwood/

Moorwurzeln oder Spider Wood (Redmoor Wood)

Diese Wurzeln sehen Moorkienwurzeln ähnlich, stammen allerdings aus keinem Moor. Es handelt sich dabei um den Wurzelstock eines Rhododendron (meist aus Asien), der in Handarbeit geschält wird.

Mopani Wood oder Savannenholz

Mopani/Mopane bezeichnet die Wurzeln des afrikanischen Baumes *Colophospermum mopane*. Er zeichnet sich durch sehr hartes, widerstandsfähiges Holz aus. Seine attraktiven Wurzeln werden sandgestrahlt, bevor sie als beliebte Dekorationsobjekte nicht nur in Aquarien Verwendung finden.

Manzanita Wood Branch

Manzanita (Drift-)Wood hat seinen Namen von den Manzanitas (*Arctostaphylos spp.*), kalifornischen Büschen, deren Äste statt Driftwood verwendet werden können, nachdem ihre Rinde mittels Sandstrahlung entfernt wurde. Ihre eigentliche Verwendung finden sie in Blumenarrangements.

Vuka-Holz (Cholla Wood)

Cholla Wood bildet ursprünglich das Stützgerüst von *Cylindropuntia cholla*, einer Kaktusart aus Mexiko. Im Gegensatz zu echtem Holz ist es relativ weich und daher nicht lange beständig. Wie viele andere Botanicals wird es gerne von Garnelen abgeweidet.

Treibholz (Driftwood)

Echtes Driftwood bekommt man im Handel nur noch selten, da Mangrovenwälder immer öfter unter Schutz gestellt werden. Treibholz erkennt man daran, dass alle Spitzen und Kanten abgerundet sind.

Driftwood aus dem Meer und Moorkienholz aus dem Moor sind unbedenklich für Süßwasserfische. Dennoch findet man immer wieder den Rat, Holz vor der Verwendung im Aquarium auszukochen.

M&M: Holz muss zuerst ausgekocht werden.

Möchte man Holz als Dekoration im Aquarium verwenden, muss es zuerst ausgekocht werden, damit es

1. keine Gelbstoffe mehr abgibt.
   Denn Tannine absorbieren viel Licht und vertragen sich daher nicht mit Pflanzen.
2. desinfiziert wird.
   Für eine umfassende Sterilisierung muss das Holz mindestens ein bis drei Stunden ausgekocht werden.
3. nicht mehr schwimmt.
   Beim Erhitzen entweicht die in den Holzzellen eingeschlossene Luft.

Das Abkochen von Holz wird nicht mehr empfohlen, da dies einer rascheren Zersetzung gleichkommt.

(1) Gelbstoffe

Durch das Auskochen gehen zwar Humin- und Gerbstoffe verloren, ohne jedoch vollständig beseitigt zu werden. Die spätere Gelbfärbung lässt sich damit also nicht verhindern.

> EXPERTE[88]: „Ersparen Sie sich familiären Ärger, indem Sie darauf verzichten, diese Gegenstände [gemeint sind Steine und Wurzeln] auszukochen, wie oft empfohlen wird. Das ist absolut unnötig!"

Gerbstoffe schützen nicht nur das Holz vor Fäulnis, sondern können auch auf die Schleimhäute der Fische und den Fischlaich eine schützend-heilende (adstringierende) Wirkung ausüben. Überdies kann eine leichte Färbung und Ansäuerung des Wassers durchaus erwünscht sein. Andernfalls können die Gelbstoffe immer noch nachträglich über Aktivkohle aus dem Wasser gefiltert werden.

---

[88] Keppler, Rainer (2014): Einrichtung eines Aquariums – Tipps für Neueinsteiger. JBL, 5. überarbeitete Auflage, Seite 15.

TIPP: Es genügt, wenn Holz vor dem Einbringen ins Aquarium ausgiebig gewässert wird. Dabei gibt es den Überschuss an Tanninen ab. Dann färbt es später das Aquarienwasser weniger stark. Zugleich kann sich das Holz bereits mit Wasser vollsaugen.

(2) Desinfektion

Will man keine ungebetenen Gäste einschleppen, sollte man Holz aus Fischgewässern meiden. In der Regel genügt es, das Holz sorgfältig unter fließendem Wasser abzubürsten, danach trocknen zu lassen und schließlich mehrere Tage bis Wochen zu wässern, gegebenenfalls sogar in Salzwasser. Danach sollten keine Pilze, Algen oder Parasiten mehr auf dem Holz leben.

TIPP: Holz, das bereits von Pilzen befallen ist bzw. modert, sollte man nicht mehr verwenden.

(3) Auftrieb

Die Luft in den Holzzellen wird durch Auskochen nicht ausgetrieben. Aufschwimmende Wurzeln können jedoch mit Steinen beschwert oder auf Glasplatten aufgebunden werden. Sie sinken erst ab, wenn sich ihre Zellen mit Wasser gefüllt haben. Ausgetrocknetes, schwimmendes Holz ist für das Aquarium in der Regel unbrauchbar, denn ein Vollsaugen mit Wasser kann Jahre dauern.

TIPP: Holz soll nicht in das Bodensubstrat eingegraben werden. Denn unter Sauerstoffmangel können Fäulnisprozesse einsetzen, die fischgiftige Substanzen produzieren können.

TIPP: Wer kein Schwarzwasserbecken anstrebt, sollte Holz nur sparsam einsetzen. Denn jedes Holz verrottet. Dabei binden die Abbauprodukte Sauerstoff, der an anderer Stelle fehlen könnte.

Wo Holz (wie auch Laub) nicht biotopspezifisch vorkommt, sollte man besser mit Steinen dekorieren (wenn Pflanzen nicht genügen). Auch für Meerwasseraquarien sind Holzdekorationen tabu.

6.4 Kunstpflanzen

Wo Pflanzen nur als Dekoration betrachtet werden, stellt sich die Frage, ob man nicht mit künstlichen Pflanzen besser bedient wäre. Kunstpflanzen wachsen nicht und sterben nicht und verändern daher nicht die Wasserchemie. Sie stellen keine Ansprüche an die Beleuchtung, brauchen auch keinen Dünger und kein Bodensubstrat und können beliebig versetzt werden. Sie können leichter gereinigt werden als echte Pflanzen. Sie werden auch nicht gefressen. Sie sind fast völlig wartungsfrei und eignen sich somit für Kinder, die mit echten Pflanzen noch überfordert wären.

M&M: Künstliche Pflanzen sind natürlichen Pflanzen ebenbürtig.

Pflanzen dienen im Hightech-Aquarium nur noch ästhetischen Zwecken des Betrachters. Kunststoffimitate erfüllen denselben Zweck. Darin sind sie natürlichen Pflanzen mittlerweile ebenbürtig.

Fische sind für ihr Wohlergehen nicht mehr auf lebende Pflanzen angewiesen, wenn für Frischwasser und Sauerstoffzufuhr auf andere Weise gesorgt wird. Sind sie keine Pflanzenfresser, so unterscheiden Fische nicht zwischen natürlichen und künstlichen Pflanzen.

Auch in pflanzenlosen Biotopen leben Fische. Fish-only-Aquarien kommen ganz ohne Pflanzen aus. Zu viele Pflanzen verdecken nur die Sicht auf die Fische.

Letztlich ist es reine Geschmacksache, ob man sich für echte oder künstliche Pflanzen entscheidet.

Typische Schwarz- und Weißwasserflüsse, aber auch Gewässer mit hoher Strömung oder tiefem Wasser sind meist frei von höheren Pflanzen, da dort Licht und/oder Nährstoffe fehlen. Die wenigen, dort lebenden Fischarten sind auf solche Extrembedingungen spezialisiert.

Echte Pflanzen wachsen und brauchen dazu Licht und Nährstoffe. Dabei entwickeln sie sich nicht immer nach dem Plan und Willen des Aquarianers. Bodenwurzler brauchen zudem ein passendes Substrat. Stengelpflanzen brauchen gelegentlich eine Verjüngung oder müssen ausgelichtet werden.

Nicht zufällig stellen Pflanzenaquarien einen eigenen Teilbereich des Hobbys dar, der viel Expertise erfordert. Jede Art hat schließlich ihre eigenen Ansprüche. Doch darin liegt zugleich ein besonderer Reiz, der Kunstpflanzen völlig fehlt.

Lebende Pflanzen erfüllen wichtige biologische Funktionen:

- Sie assimilieren CO_2 und stabilisieren auf diese Weise den pH-Wert.
- Sie produzieren O_2 und unterstützen damit die O_2-Versorgung der Fische. Dadurch machen sie starke Pumpen und Sprudelsteine überflüssig.
- Sie binden verschiedene Schadstoffe (von Ammoniak bis Schwermetall-Ionen) und unterstützen so den Filter. Zusätzlich vermindern sie die erforderlichen Wasserwechsel.
- Sie absorbieren Nährstoffe im Wasser und konkurrieren dabei mit Algen, aber auch mit Filterbakterien.
- Sie können für pflanzenfressende Fische als Nahrungsergänzung dienen.

Kunstpflanzen können diesbezüglich nicht mithalten. Im Gegenteil: Sie machen Technik zur Wasserreinigung unverzichtbar, ebenso wie häufigen Wasserwechsel. Letztlich sehen nur teure Kunstpflanzen aus Seide echten Pflanzen täuschend ähnlich.

TIPP: Band 7 wird sich echten Pflanzen und den sie umgebenden Mythen und Marketing widmen.

Quellenverzeichnis

Fußnoten	Quellenangaben[89]
29, 31	2. Tierhaltungsverordnung (2. THV), Anlage 5: Mindestanforderungen an die Haltung von Fischen. BGBl. II Nr. 486/2004, Abs. 1.1., Z 9+11. https://www.ris.bka.gv.at/GeltendeFassung.wxe?Abfrage=Bundesnormen&Gesetzesnummer=20003860
53	Amano, Takashi (2011): Nature Aquarium: Complete Works 1985–2009. TFH Publications, 265 Seiten.
58	Aqua Design Amano Co. Ltd. (ADA) (Japan), https://www.adana.co.jp/en/
48	Aquaplasma. Aquatlantis (Portugal), https://www.aquatlantis.com/en/products/aquariums/decor/aquaplasma-70-001
70	Aquarium Deko. ZooRoyal Petcare GmbH https://www.zooroyal.at/aquaristik/aquarium-dekoration/
72	Aquarium filtration information: The total picture. Tetra (USA), https://www.tetra-fish.com/learning-center/getting-started/aquarium-filtration.aspx
67	Aquascape (2013): So findest du das richtige Aquarium für dich. NatureHolic GmbH, https://www.aquascape.de/blog/detail/sCategory/381272/blogArticle/615#komplett
82	AquascapingLove (2019): Aquascaping Rocks: Planted Aquarium Hardscape Essentials Part 2. http://aquascapinglove.com/basics/planted-aquarium-hardscape-essentials-part-2-rocks/
42	Arbeitskreis 8 (Zoofachhandel und Heimtierhaltung) (2012): Stellungnahme zur Haltung von Fischen in Nano-Aquarien. Tierärztliche Vereinigung für Tierschutz e.V. Seite 2. Download auf https://www.tierschutz-tvt.de/alle-merkblaetter-und-stellungnahmen/
26, 37, 44	Arbeitskreis 8 (Zoofachhandel und Heimtierhaltung) (Hrsg.) (2015): Merkblatt Nr. 37. Checkliste zur Überprüfung von Süßwasser-Zierfischhaltungen im Zoofachhandel. Tierärztliche Vereinigung für Tierschutz e.V. Seite 5. Download auf https://www.tierschutz-tvt.de/alle-merkblaetter-und-stellungnahmen/

[89] Alle angeführten Internet-Adressen (URL) wurden zuletzt im März 2025 auf ihre Gültigkeit überprüft. Nicht mehr aktuelle URL können gegebenenfalls im *Internet Archive* gefunden werden: https://web.archive.org/

2 Bade, Ernst (1898): Das Süßwasser-Aquarium: Geschichte, Flora und Fauna des Süsswasser-Aquariums, seine Anlage und Pflege. 2. Auflage, Seite 2f. Digitalisat auf Google Books, https://books.google.at/

60 Bailey, Mary (1998): Aquaristik in Großbritannien. DATZ 51, 1/98, Seite 33.

54 Berns, Andreas (2018): Sind Aquascaper denn wirklich Aquarianer? In: Aquaristik Fachmagazin, Nr. 261 Juni/Juli 2018, Jg. 50 (3)/3664, Seite 52f.

47 biOrb Aquarium Katalog 2022, Seite 8+13, Download auf https://biorb.com/pages/katalog

1 Bogert, David: Walstad Aquarium. Aquarium Science, https://aquariumscience.org/index.php/15-8-walstad-aquarium/

61 Boruchowitz, David E. (2001): The Balanced Aquarium (For the Freshwater Aquarium). TFH Publications, 64 Seiten.

9 Brunner, Bernd (2011): Wie das Meer nach Hause kam. Die Erfindung des Aquariums. Überarbeitete und erweiterte Auflage, Wagenbach, Seite 26. Auf englisch (2012): The Ocean at Home. An Illustrated History of the Aquarium. Seite 24.

87 BYA (2020): Aquarium Driftwood: Best Types & How to Use Them in Your Tank. Square Brackets SRL, Rumänien https://www.buildyouraquarium.com/aquarium-driftwood/

21 DANIO – Verein für Süß- und Seewasser-Aquaristik und Terraristik http://danio.at/vereinsgeschichte

23 DIN 32622:2006-09 Aquarien aus Glas – Sicherheitstechnische Anforderungen und Prüfung.

52 EcoSphere Kugel 10 cm – Mini Aquarium. Amazon Europe Core S.à r.l. https://www.amazon.de/Ecosphere-Kugel-mit-LED-Beleuchtung/dp/B0018TZFIE

51 Ecosphere Kugeln. Eschenbach & Rosinski GbR, Werbeagentur und Einzelhandel, https://www.ecosphere-shop.de/Ecosphere-Kugeln/

65 Einsteiger Aquarien. Dehner Gartencenter Österreich GmbH & Co. KG, https://www.dehner.at/zoo-aquaristik-einsteiger-aquarien/

55 Farmer, George (2016): Go with the flow. Practical Fishkeeping 2016/03, S. 58f.

75 Farmer, George (2016): TOP 10 scaping FAQs answered. Practikal Fishkeeping, 2016/13, S. 57.

12, 18 Gosse, Philip Henry (1854): The Aquarium: an Unveiling of the Wonders of the Deep Sea. John van Voorst, London.

35 Gosse, Philip Henry (1856): The Aquarium: an Unveiling of the Wonders of the

Deep Sea. John van Voorst, London, 2. Ausgabe, Seite 251. Digitalisat auf Google Books, https://books.google.at/

15 Gyford, Phil: Sunday 28 May 1665. The Diary of Samuel Pepys. Daily entries from the 17th century London diary. https://www.pepysdiary.com/diary/1665/05/28/

69 Hetz, Stefan K. (ohne Jahr): Otothyropsis piribebuy. https://native-fish.org/allpages/otothyropsis

8 How Much Do You Know About Aquarium History? Today's Pet Inc., Maryland, USA, https://todayspet.com/blog/57454/how-much-do-you-know-about-aquarium-history

86 Hussain, Dilber (2024): Where to Find Natural Driftwood for Your Aquarium? https://aquanswers.com/where-to-find-driftwood-aquarium/

30 Is a larger plant tank always better because it is more stable? 2019, 2Hr Aquarist Pte. Ltd. (Singapur), https://www.2hraquarist.com/ blogs/filters-overview/how-to-choose-tanks

71, 81 ISO 14688-1:2017 Geotechnical investigation and testing – Identification and classification of soil. Part 1: Identification and description.

74 JBL Manado. Produktinformationen, JBL GmbH & Co. KG (Deutschland), https://www.jbl.de/?mod=productpdf&id=3398

76 JBL Proscape Volcano Mineral. JBL GmbH & Co. KG (Deutschland), https://www.jbl.de/de/produkte/detail/6473/jbl-proscape-volcano-mineral

88 Keppler, Rainer (2014): Einrichtung eines Aquariums – Tipps für Neueinsteiger. JBL, 5. überarbeitete Auflage, Seite 15.

5, 10 Klee, Albert J. (ohne Jahr): The Myth of the Roman Aquarium: Reflections on Aquarium Hobby History Research. http://www.wetwebmedia.com/MythRomanAqKlee.htm

41 Klingbeil, Barbara (2011): Nano-Süßwasseraquarien. NTV, Münster, 2. überarbeitete Auflage, Seite 6.

32 Kottmann, Dennis: Aquariengröße. DRTA-Archiv.de (eEducation Net e.K.), https://www.drta-archiv.de/aquariengroesse/

39, 68 Krause, Hanns-J. (2004): Handbuch Aquarientechnik. Bede, 4. Auflage, Seite 21+111.

83 Layout Materials – Stones. Aqua Design Amano Co. Ltd. (ADA) (Japan), https://www.adana.co.jp/en/contents/products/materials/detail01.html

46 Leijn, Isabelle: Goldfish Racetrack. iL-studio (Niederlande), http://www.leijn.com/visrace.htm

24, 28 | Maintenance, Practical Fishkeeping, 2016/05, Seite 51.

56 | Mehen, Bob: Do I need a background for my tank? https://www.practicalfishkeeping.co.uk/fishkeeping-answers/do-i-need-a-background-for-my-tank/

4 | Mette, Nikolai (2003): Aquarienkultur in China. http://goldfische.kaltwasseraquaristik.de/aquachin.htm

45 | Mette, Nikolai (2006): Becken und Einrichtung. http://goldfische.kaltwasseraquaristik.de/becken.htm

49 | Mick (2016): Wall mounted fish tanks - Pros and cons. Aqua-Fish.Net (Slovakei), https://en.aqua-fish.net/articles/disadvantages-advantages-wall-mounted-fish-tanks

11 | Mostar, Herrmann (1959): Die Arche Mostar, von ihm selbst gezimmert: die Geschichte der Stubentiere und die Stubentiere in der Geschichte. Goverts, Stuttgart.

27 | Mundt, Joachim: Das filterlose Aquarium (Projektvorstellung). Aquaristik-Hilfe, http://www.aquaristik-hilfe.de/projekte01.htm

36 | Orndorff, Bastian: Aquarium – Einstieg. https://www.aq-technik.de/Aquarium-Einstieg/aquarium-becken.html

3, 73 | Paffrath, Kurt (1979): Bestimmung und Pflege von Aquarienpflanzen. Landbuch-Verlag, Hannover, 2. Auflage, Seite 14+120+121.

64 | Produktmerkmale des Aquariums Advance 60 LED in Weiß. Hornbach Baumarkt GmbH (Österreich), https://www.hornbach.at/shop/Aquarium-aquatlantis-Advance-60-mit-LED-Beleuchtung-Filter-Heizer-ohne-Unterschrank-weiss/8809147/artikel.html

20 | Rieck, Werner, Mau, Klaus-Georg (2008): 120 Jahre „Triton", Gesellschaft für Vivarienkunde 1888 e.V. zu Berlin. Vereinschronik 1888–2008. Triton, Berlin.

14 | Roßmäßler, Emil A. (1856): Der See im Glase. Die Gartenlaube, 19, 252–256. https://de.wikisource.org/wiki/Der_See_im_Glase

13, 19 | Roßmäßler, Emil A. (1857): Das Süßwasser-Aquarium. Eine Anleitung zur Herstellung und Pflege desselben. Mendelssohn, Leipzig, 88 Seiten. Deutsches Textarchiv, http://www.deutschestextarchiv.de/rossmaessler_suesswasseraquarium_1857

33 | Roßmäßler, Emil A. (1857): Das Süßwasser-Aquarium. Eine Anleitung zur Herstellung und Pflege desselben. Mendelssohn, Leipzig, Seite 3–4. Deutsches Textarchiv, http://www.deutschestextarchiv.de/rossmaessler_suesswasseraquarium_1857

25 | Rötter, Otto (2012): Das pflegeleichte Aquarium. Anleitung zur naturnahen und tiergerechten Haltung von Aquarienfischen. eBook, Kindle.

50 Roux, David (2009): Des aquariums originaux… BlogNature, https://blognature.fr/des-aquariums-originaux/

79 Schneider, Peter (1972): Leseprobe von: Liebe und Verständnis für das Aquarium. Kapitel: Die Bodengrund-Frage. http://www.a-perleverlag.ch/buch/liebeundverstaendnis.html

78 Schneider, Peter (2010): Über die Ernährung von Wasserpflanzen. Online Aquarium-Magazin OAM, Juli 2010, Seite 14. http://www.oammagazin.de/index.php/oam-ausgaben/summary/7-oam-jahrgang-2010/59-oam-2010-7

66 Schulz, Christian: Beleuchtung. https://wohnzimmeraquarium.de/index.php/beleuchtung

80 Seachem Flourite. Bodengrund aus natürlichem Ton. Onlineshop Olibetta der Niceshops-Gruppe, https://www.olibetta.at/seachem/flourite

77 Seachem Flourite Black Sand. Aquasabi GmbH & Co. KG (Deutschland), https://www.aquasabi.de/Seachem-Flourite-Black-Sand

6 Sequoia, Elisabeth (2019): Now and Then: Aquariums thru the Ages. The Colorado Aquarium Society. https://www.coloradoaquarium.org/ post/now-and-then-aquariums-thru-the-ages

43 Splett, Uwe J. (2013): Was heißt artgerecht oder was soll es bedeuten? https://www.afizucht.de/html/fragen_antwort_2.html

38, 40 Splett, Uwe J. (2018): Die Geschichte mit den Algen, die durch das Silikon wachsen. https://www.afizucht.de/html/das_aquarium.html#Algen-wachsen-durch-Silikon

63 The World Largest Nature Aquarium at Oceanário de Lisboa, Portugal https://www.adana.co.jp/en/lisbon/

22 Verband Deutscher Vereine für Aquarien- und Terrarienkunde (VDA) e.V. https://vda-online.de/

57 Vierke, Jörg (2010): Kleine Aquarien. Kosmos, Seite 7.

62 Walstad, Diana (2023): Ecology of the Planted Aquarium. A Practical Manual and Scientific Treatise. Echinodorus Publishing, 4. Auflage, 228 Seiten.
Walstad, Diana (2023): Das bepflanzte Aquarium: Ein Handbuch für die Praxis auf wissenschaftlicher Grundlage. Tetra, 10. Auflage, 224 Seiten.

17, 59 Warington, Robert (1851): Notice of observations on the adjustment of the relations between the animal and vegetable kingdoms, by which the vital functions of both are permanently maintained. Quarterly Journal of the Chemical Society of London, 1851/3, 52–54.

7 Wikipedia, https://en.wikipedia.org/wiki/Aquarium

16 Wikipedia, https://de.wikipedia.org/wiki/Nathaniel_Ward#Wardscher_Kasten

Stichwort- und Produktverzeichnis

Tabellenverzeichnis

Abbildungsverzeichnis

M&M im Überblick

Dank

Mein Dank gebührt all jenen Experten, die ihr Wissen und ihre Erfahrung mit uns Hobbyisten teilen. Als Beispiele möchte ich neben der amerikanischen Website von David Bogert (*aquariumscience.org*) die deutschen Websites von Uwe J. Splett (*afizucht.de*) und Olaf Deters (*deters-ing.de*) nennen, auf die ich immer wieder gerne zurückgreife.

Mein besonderer Dank ergeht an meinen Testleser Univ.Prof. i.R. Dr. Herbert Nopp, Professor für Zoologie an der Universität Wien und selber leidenschaftlicher Aquarianer. Er hat mit kritischem Auge, seinem Wissen und seiner Erfahrung wesentlich zur Verbesserung des Manuskripts beigetragen.

Für die Mineralanalysen der ‚Aquascaping Rocks' (im Kapitel 6.2) danke ich meinem Studienkollegen Univ.Prof. i.R. Dr. Franz Ottner vom Institut für Angewandte Geologie der Universität für Bodenkultur Wien.

Für die grafische Gestaltung des Covers danke ich Herrn Baitok Nurlan. In diesem Zusammenhang möchte ich auch das Team der *Buchschmiede von Dataform Media GmbH* dankend erwähnen. Sein innovatives Self-Publishing-Konzept hat diese Buchreihe möglich gemacht.

Schließlich danke ich allen, die mir mit eigenen Anekdoten, kritischen Fragen, konstruktiven Diskussionen und Kommentaren wertvolle Anregungen geliefert und mich zum Publizieren der Faktenchecks ermutigt haben.

Dr. Hermann Huemer
Bad Sauerbrunn, Burgenland
im Mai 2025

Der Autor

Foto: Stephen. R. Patriarca

Dr. Hermann Huemer, promovierter Geochemiker, Informationsfachmann und Manager, widmet sich in seiner Freizeit der Förderung von Informationskompetenz und der Aufklärung von Falschinformation. In seinem neuesten Projekt hat er sich auf Mythenjagd in die Aquaristik, seinem zweiten Hobby, begeben. Über 300 moderne Mythen und Marketingsprüche hat er bereits recherchiert und einem Faktencheck unterzogen.

In der vorliegenden Reihe teilt er seine Ergebnisse mit Freunden der Aquaristik, die sich für die faktischen Grundlagen des Hobbys interessieren.

Mehr über den Autor und seine Arbeit finden Sie in seinem Blog auf https://aquademicus.info.

Wenn auch Sie einen aquaristischen Mythos kennen, ihn aber in keinem Band dieser Reihe wiederfinden, so schicken Sie ihn doch an den mythbuster@aquademicus.info!

Mythen & Marketing in der Aquaristik

Band 1 – Faktencheck Aquarium

M&M zur geschichtlichen Entwicklung der Aquaristik, zu Beckenmaßen, Bauformen und Ausstattung sowie Besatz und Dekoration. Welches Aquarium ist das richtige für mich?

Band 2 – Faktencheck Aquarienwasser

M&M zu Trink- und Aquarienwasser, zu Wasserparametern wie Leitfähigkeit und Härte, Alkalinität und pH-Wert, Redox-Spannung, sowie zu Richt- und Grenzwerten. Was unterscheidet Trinkwasser von Aquarienwasser? Gibt es das ‚ideale' Aquarienwasser?

Band 3 – Faktencheck Aquarienchemie

M&M zu Inhaltsstoffen im Leitungswasser und seine Aufbereitung. Kann Leitungswasser mit Chemie für das Aquarium optimiert werden? Welche Rolle spielt das Kalk-Kohlensäure-Gleichgewicht? Wie wird aus Leitungswasser gutes Aquarienwasser?

Band 4 – Faktencheck Aquarienfilter

M&M zu Schadstoffen im Aquarium, Filtermedien und ihren Wirkprinzipien. Wie wird das Aquarienwasser wieder sauber und kristallklar? Was ist dran an Nitratfiltern und dem Anaerobic Myth?

Band 5 – Faktencheck Aquarienpflege

M&M zur Einfahrphase in neuen Aquarien (mit oder ohne Fische?) und zum Wasserwechsel in laufenden Aquarien (wie oft wieviel? mit oder ohne Filterreinigung?). Kann es ein Gleichgewicht im Aquarium eher mit oder ohne Wasserwechsel geben?

Band 6 – Faktencheck Aquarientechnik

M&M zur Technik im Aquarium (lowtech versus hightech), zu Strömungs- und Filterpumpen, Temperaturregelung und Beleuchtung. Wieviel Natur lässt sich mit Technik simulieren? Wieviel Technik ist für den Betrieb eines Aquariums unerlässlich?

Band 7 – Faktencheck Aquarienpflanzen

M&M zu Pflanzen im Aquarium; Was Schadstoffe für die Fische, sind Nährstoffe für die Pflanzen. Genügt Fischfutter als Dünger? Sind Algen auch Pflanzen?

Band 8 – Faktencheck Zierfische

M&M zu den Fischen im Aquarium, von Anfänger-, Putzer- und Problemfischen bis zu Futter, Zucht und anderen Pflegefehlern.